锁紧盘设计理论与方法

王建梅　唐　亮　著

北　京
冶　金　工　业　出　版　社
2014

内 容 简 介

本书共分8章，以锁紧盘为对象进行研究，涉及理论计算与方法、参数化系列化设计、数值模拟验证、影响因素分析等。分别介绍了锁紧盘与过盈连接相关知识、圆柱过盈连接与圆锥过盈连接的理论计算、锁紧盘的设计与计算、评价与校核方法、锁紧盘参数化与系列化、锁紧盘有限元数值模拟、锁紧盘性能的影响因素、温度与离心力作用下的锁紧盘理论模型与计算等。

本书可供从事机械设计及理论研究的科技人员阅读，也可供高等院校机械类专业师生参考。

图书在版编目（CIP）数据

锁紧盘设计理论与方法/王建梅，唐亮著．—北京：冶金工业出版社，2014.6

ISBN 978-7-5024-6599-5

Ⅰ.①锁… Ⅱ.①王… ②唐… Ⅲ.①卡盘—设计 Ⅳ.①TG502.39

中国版本图书馆CIP数据核字(2014)第113670号

出版人 谭学余
地　址 北京北河沿大街嵩祝院北巷39号，邮编100009
电　话 (010)64027926 电子信箱 yjcbs@cnmip.com.cn
责任编辑 常国平 美术编辑 彭子赫 版式设计 孙跃红
责任校对 郑 娟 责任印制 牛晓波
ISBN 978-7-5024-6599-5
冶金工业出版社出版发行；各地新华书店经销；北京慧美印刷有限公司印刷
2014年6月第1版，2014年6月第1次印刷
169mm×239mm；11.5印张；219千字；167页
45.00元

冶金工业出版社投稿电话：(010)64027932 投稿信箱：tougao@cnmip.com.cn
冶金工业出版社发行部 电话：(010)64044283 传真：(010)64027893
冶金书店 地址：北京东四西大街46号(100010) 电话：(010)65289081(兼传真)
（本书如有印装质量问题，本社发行部负责退换）

前　言

锁紧盘是大型组件传动系统的锁紧装置，属于无键过盈连接装置。按其机械结构主要分为单圆锥锁紧盘与双圆锥锁紧盘，适合在重载条件下使用，属于机械零件基础理论与设计范畴。现今，锁紧盘已在重型机械领域得到充分应用，并朝着高性能、长寿命趋势发展，广泛应用于风电设备、交通运输等领域。如国家为改善能源结构大力发展的风力发电机组，其输入主轴和大行星架之间采用风电锁紧盘，将主轴和大行星架输入轴套锁紧，使之形成过盈连接，并且要求其具有较高的承载能力和较长的使用寿命。

本书的主要内容为：(1) 绪论，简要介绍锁紧盘基本知识；(2) 过盈连接概述，介绍过盈连接的概念、类型、装拆工艺与应用状况，以及油压过盈连接与胀紧连接套的相关知识；(3) 过盈连接计算，介绍圆柱过盈连接与圆锥过盈连接的理论计算；(4) 锁紧盘设计计算，阐述了计算过盈量的四种典型方法，并对其进行评价，给出校核计算方法，并能根据计算出的过盈量针对具体结构进行产品设计；(5) 锁紧盘参数化与系列化，利用 Fortran 与 Visual Basic 语言进行混合编程，给出了锁紧盘计算的可视化界面，并利用该软件计算出锁紧盘系列化尺寸，具有高效可靠的设计参考价值；(6) 锁紧盘数值模拟，对有限元模拟与理论计算结果进行对比；(7) 基于有限元数值模拟方法，研究分析了锁紧盘性能的主要影响因素；(8) 完善了理论计算模型，针对锁紧盘工况，推导了考虑温度与离心力作用时在接触面产生的位移计算公式，完善了锁紧盘设计理论与计算方法。

本书介绍的锁紧盘属于典型过盈配合，通常机械零件中过盈配合计算，都是根据机械设计手册粗略获得，缺乏从弹塑性力学的受力角度，结合过盈配合基础理论知识，进行接触面配合的精确计算。本书针对单圆锥锁紧盘与双圆锥锁紧盘结构，重点给出了锁紧盘的设计计算算法，通过计算外环与内环接触面过盈量，进行接触面各关键点尺寸的设计，结合计算所需的螺栓拧紧力，校核所设计锁紧盘的接触压力与强度。同时利用有限元数值模拟对比了运用锁紧盘设计理论与计算方法所得的数值，验证了理论方法的准确性与可靠性。同时对影响锁紧盘性能的主要因素，如加工偏差、装配间隙、工况温度、离心力、摩擦系数与内环锥度等进行了分析，并给出了锁紧盘在温度与离心力作用下接触压力与过盈量的计算。

本书的特点是对过盈配合类机械零件设计理论与方法的系统性改进，实现了包括锁紧盘在内的多层过盈圆筒类机械零件从设计到计算校核的理论研究，补充了《重型机械标准（第2卷)》中大尺寸（单圆锥 $d_2>590$mm、双圆锥 $d_2>620$mm）锁紧盘基本尺寸和参数，给出了各系列锁紧盘扭矩与轴向力的选取值，并在锁紧盘各型号尺寸参数的基础上补充了装配行程等参数，通过确立过盈量与接触面接触压力的关系，从理论上完善了大型设备中锁紧盘的设计理论与计算方法，对于提高设备运行效率和运行可靠性具有实用参考价值，是作者所在课题组成员多年来科学研究成果的结晶。

本书出版的目的旨在为读者提供过盈连接类零件的设计理论与计算方法，并为工程应用提供一定的知识服务。本书可供从事机械设计及理论研究的科技人员阅读，也可供高等院校机械类专业师生参考。

借本书出版之际，向资助本书出版的国家青年科学基金项目

（51205269）和山西省基础研究计划（自然）项目（2012011018－2）表示由衷的感谢，并向曾攻读硕士研究生期间共同参与完成本书的陶德峰、康建峰、侯成、孙建召、薛亚文、马立新、徐俊良等研究生所作出的贡献，表示衷心感谢！

创新之作，不当之处在所难免，欢迎广大读者批评指正。

作　者

2014年2月于太原

目　　录

主 要 符 号 表

符号	含义	符号	含义
d	圆筒直径，mm	μ_{xi}	压入摩擦系数
μ_{xe}	压出摩擦系数	R_z	平均粗糙度，μm
F_{xi}	压入力，kN	F_{xe}	压出力，kN
R_a	粗糙度，μm	ρ	筒壁内任一点到圆心的距离，mm
μ_t	圆柱面过盈连接摩擦系数	μ_f	圆锥面过盈连接摩擦系数
σ_{w1}	屈服极限，MPa	σ_{w2}	强度极限，MPa
δ	过盈量，mm	σ	应力，MPa
E	弹性模量，MPa	σ_ρ	圆筒的径向应力，MPa
σ_φ	圆筒的环向应力，MPa	$\tau_{\rho\varphi}$	圆筒的剪切应力，MPa
$\tau_{\varphi\rho}$	圆筒的剪切应力，MPa	u_ρ	圆筒的径向位移，mm
u_φ	圆筒的环向位移，mm	ν	泊松比
a	内筒内径，mm	b	内筒外径，mm
p_1	圆筒所受的内压力，MPa	p_2	圆筒所受的外压力，MPa
δ_i	内筒外半径的变化量，mm	E_i	内筒材料的弹性模量，MPa
ν_i	内筒材料的泊松比	δ_e	外筒内半径的变化量，mm
E_e	外筒材料的弹性模量，MPa	ν_e	外筒材料的泊松比
c	外筒外径，mm	p_{min}	最小接触压力，MPa
δ_{min}	最小过盈量，mm	p_{max}	最大接触压力，MPa
δ_{max}	最大过盈量，mm	α	线膨胀系数，$℃^{-1}$
F_a	轴向力，kN	μ	摩擦系数
l_1	主轴与轴套接触面长度，mm	T	转矩，kN·m
M	锁紧盘的扭矩，kN·m	S	接触面微观被压平部分的深度，mm
σ_{s1}	被包容件的屈服极限，MPa	σ_{s2}	包容件的屈服极限，MPa
e	直径变化量，mm	R	装配的最小间隙，mm
α_a	包容件材料的线膨胀系数，$℃^{-1}$	t_a	装配时的环境温度，℃
α_i	被包容件材料的线膨胀系数，$℃^{-1}$	e_i	被包容件外径的冷缩量，mm

d_m	圆锥结合面平均直径，mm	d_{f1}	结合面最小圆锥直径，mm
d_{f2}	结合面最大圆锥直径，mm	l_f	轴套与内环接触面轴向长度，mm
δ_b	基本过盈量，mm	T_e	胀套的额定扭矩，kN·m
F_x	胀套需要承受的轴向力，kN	F_t	胀套的额定轴向力，kN
F_r	胀套需要承受的径向力，kN	M_{tn}	n 个胀套的总额定载荷，kN·m
M_t	额定载荷，kN·m	E_1	主轴弹性模量，MPa
E_2	轴套弹性模量，MPa	E_3	内环弹性模量，MPa
E_4	外环弹性模量，MPa	Δ_1	主轴外表面变形量，mm
Δ_2	轴套内表面变形量，mm	Δ_3	轴套外表面变形量，mm
Δ_4	内环内表面变形量，mm	Δ_5	内环外表面变形量，mm
Δ_6	外环内表面变形量，mm	d_0	主轴内径，mm
d_1	主轴与轴套接触面直径，mm	d_2	轴套与内环接触面直径，mm
d_3	内环与外环接触面直径，mm	d_4	外环外径，mm
R_1	主轴与轴套接触面的装配间隙，mm	R_2	轴套与内环接触面的装配间隙，mm
M	主轴与轴套所传递的额定扭矩，kN·m	l_{es}	短端空行程，mm
l_2	轴套与内环接触面轴向长度，mm	μ_1	轴与轴套接触面的摩擦系数
δ_1	传递扭矩主轴与轴套所需过盈量，mm	δ_2	轴套与内环接触面过盈量，mm
u_1	轴套内径所需缩小量，mm	u_2	内环内径所需缩小量，mm
δ_3	内环与外环过盈量，mm	ν_a	主轴与轴套的等效泊松比
ν_b	主轴、轴套与内环的等效泊松比	d_a	包容件内径，mm
d_b	包容件外径，mm	β	内环半倾角，(°)
W_l	内环长接触面正压力，kN	W_s	内环短接触面正压力，kN
f_l	长圆锥面摩擦力，kN	f_s	短圆锥面摩擦力，kN
F_a	螺栓的轴向力，kN	N	轴套对内环的作用力，kN
δ_s	短圆锥面的过盈量，mm	ν_4	外环泊松比
l_{3l}	内环长接触面的长度，mm	l_{3s}	内环短接触面长度，mm
E_m	各组件的等效弹性模量	M_0	单个螺栓拧紧力矩，N·m
L	锁紧盘内环推进行程，mm	M_A	额定转矩，kN·m

u_{ρ} 圆筒任意一点的径向位移，mm

σ_{ρ} 圆筒任意一点的径向应力，MPa

σ_{z} 圆筒任意一点的轴向应力，MPa

K_{ρ} 离心力，kN

ε_{ρ} 径向应变，mm

t_{a} 环境温度,℃

t_{c} 包容件温度,℃

p_{xi} 压入压强，MPa

u_{z} 圆筒任意一点的轴向位移，mm

σ_{θ} 圆筒任意一点的周向应力，MPa

u_{t} 总位移，mm

φ 极角，(°)

ε_{φ} 环向应变，mm

t_{b} 被包容件温度,℃

p_{xe} 压出压强，MPa。

1 绪　　论

本章主要对锁紧盘进行了详细的介绍，针对所涉及的相关技术，对国内外的研究工作进行了阐述和分析，指出了本书研究在理论方面的价值，并对主要研究工作进行了总结。

1.1 锁紧盘概述

锁紧盘是大型组件传动系统的锁紧装置，按其结构不同可分为单圆锥锁紧盘与双圆锥锁紧盘[1]，其结构示意图分别如图1－1和图1－2所示，主要组件包括主轴1、轴套2、内环3、外环4和螺栓5[2]。装配前轴套与内环接触面、主轴与轴套接触面为间隙配合。通过拧紧螺栓或液压装配使内外环沿轴向移动，从而在各个接触面间形成过盈配合，借助主轴与轴套接触面的径向接触压力产生摩擦力实现扭矩的传递。

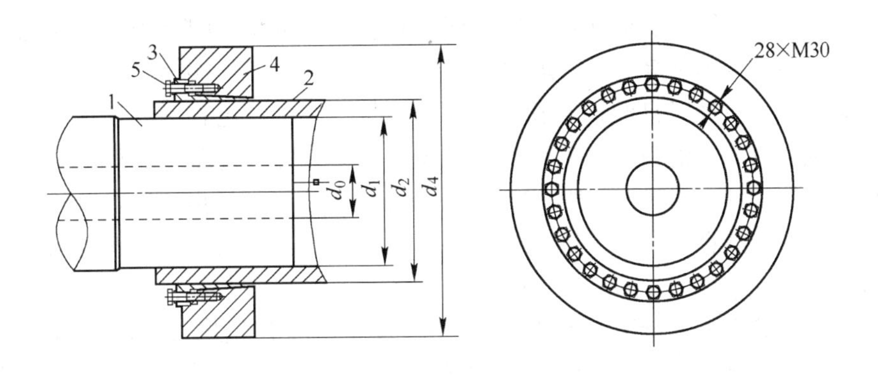

图1－1　SP1型单圆锥锁紧盘结构示意图

锁紧盘属于无键过盈连接装置，适合在重载条件下使用，其特点为：制造工艺简单，安装与拆卸方便，能承受较大扭矩，使用寿命长，如发生过载现象，机构会丧失连接作用，有效地保护了传动设备，安全可靠。现今，锁紧盘已在重型机械领域得到充分应用，如风机、运输、机车、通用化工机械以及军工部门等[3]。

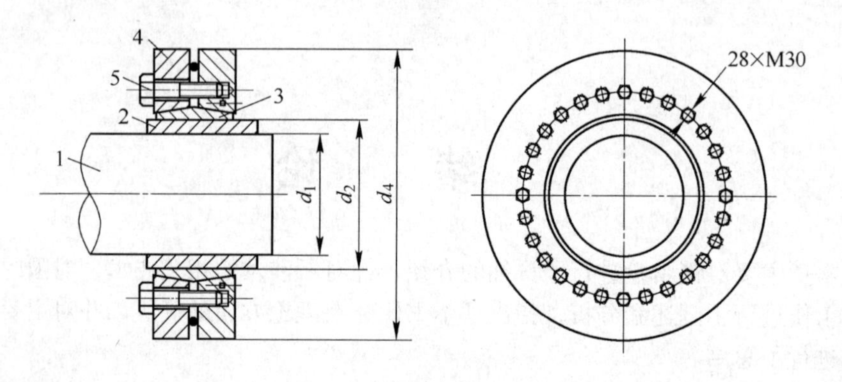

图 1－2 SP2 型双圆锥锁紧盘结构示意图

1.2 国内外研究现状

国外对锁紧盘研究起步较早。J. Mather 和 B. H. Baines 等[4]对锁紧盘的应力分布进行了分析；U. Gamer 和 R. H. Lance[5]研究了锁紧盘连接的残余应力；R. Gutkin 和 B. Alfredsson 等[6]对锁紧盘的疲劳进行了大量的研究工作。国外锁紧盘技术比较成熟，市场上有大量成品可以购买。

国内对锁紧盘的研究起步晚，近期得到较多的重视。闫登华等[7]从地面缆车驱动设备中的锁紧盘出发，阐述了双圆锥锁紧盘的原理、选用、理论计算和轴套材料选择以及锁紧盘装拆步骤；何章涛等[8]建立了风电锁紧盘连接模型，分别用理论解析与数值模拟方法，对锁紧盘进行了强度对比分析；陶德峰等[9]采用厚壁圆筒理论，构建了三组 ANSYS 分析模型，推导了风电锁紧盘位移变形和最大应力强度计算公式；唐亮[10]通过数值模拟方法，分析了加工偏差与装配间隙等对风电锁紧盘性能的影响；殷丹华[11]给出了圆柱过盈连接的计算方法，通过数值模拟验证了解析解的正确性，推导了锁紧盘理论算法，对数值模拟与实验结果进行了对比分析；王建梅等[12]以锁紧盘为研究对象，采用厚壁圆筒理论对主轴与轴套进行计算，采用轴套校核方法对轴套与内环接触面进行计算，并采用内环受力分析对内环与外环接触面进行计算。

此外，许多生产单位也申请了有关锁紧盘的专利，创新点主要分为两类：锁紧盘结构设计和锁紧盘设计计算。锁紧盘结构设计的专利成果主要有：王春艳等[13]提出一种风电锁紧盘，在内环凸台涂敷耐磨涂层和固定螺栓栓头设有弹性环，使锁紧盘工作牢靠稳固；黄涛等[14]提出带自动退卸功能的旋转动力传动锁紧盘，在内环与外环接触面和螺栓与外环内螺孔接触面间涂有油脂层；杨本新等[15]发明了一种用于实现轴连接的锁紧盘辅助装置、锁紧系统和锁紧方法，能快速安装，节约时间、人力和成本；尹为刚等[16]提供了一种用于风力发电机组的锁紧盘及锁紧盘锥盘，能解决现有技术中更换不便或者更换成本高的问题；陈爱和等[17]发明了一种双外环锁紧盘，在同等结构尺寸下能够传递更大扭矩。闫龙翔等[18]提供了一种等强度风电锁紧盘，在外环外表面设置一段带锥度的锥面，使外环与内环接触面受力均匀，在保证可靠性的前提下减小了锁紧盘成本。上述锁紧盘结构都是采用拧紧螺栓进行过盈连接，一些学者提出了液压锁紧盘[19,20]，锁紧效果好、拆装方便。在其他行业锁紧盘也广泛应用，如用于重型机械减速器的空心轴锁紧机构[21]、锁紧盘联轴器[22]等。

为了提高锁紧盘工作性能的可靠性，在理论设计计算方面也取得了一些成果。王建梅等[23]发明了一种确定锁紧盘内环与外环接触面尺寸的方法，并通过一种确定风电锁紧盘过盈量的方法计算各接触面的压强和过盈量[24]，最后采用一种校核风电锁紧盘强度的方法进行强度检验[25,26]，完成了从设计到计算校核的全部理论研究。

1.3 应用情况

锁紧盘的使用范围日益扩大，并朝着高性能、长寿命趋势发展，风电设备、交通运输等方面都有锁紧盘的应用，如国家为改善能源结构而大力发展的风力发电机组，其输入主轴和大行星架之间，通过风电锁紧盘将主轴和大行星架输入轴套锁紧，使之形成过盈连接，并且要求其具有较高的承载能力（可达 7000kN·m）和较长的使用寿命（10 年以上）。此处连接的实质就是四层圆筒过盈连接。在设计中，需要建立风电锁紧盘过盈量与各接触面接触压力之间的关系，保证过盈量在合理的范围内，使主轴与输入轴套接触面能够传递设计要求的扭矩。因此，本书开展对锁紧盘设计方法的研究，理论上完善了大型设备中锁紧盘的过盈量计算方法，建立了过盈量与接触面接触压力的关系，开发了用于大型工程设备的锁紧盘设计方法，对于提高设备的运行效率和运行可靠性都具有重要意义。

2　过盈连接概述

本章介绍了过盈连接的定义和特点，并按照不同的范畴进行了归类；提出了过盈连接性能的影响因素，主要就过盈量、摩擦系数、离心力、温度、动载荷等因素对过盈连接的影响进行了阐述。另外，还介绍了过盈连接结构的装拆方法和应用范围，以及国内外研究现状。

2.1　过盈连接的概念

过盈连接又称为干涉配合连接或紧配合连接，是指将外径较大的被包容件装配到内径较小的包容件中，如图 2－1 所示。装配后在过盈配合面上产生一定过盈量，使得接触面形成径向压力，当连接件承受轴向力或转矩时，依靠过盈接触面上的摩擦力或力矩能实现额定载荷的传递[27]。

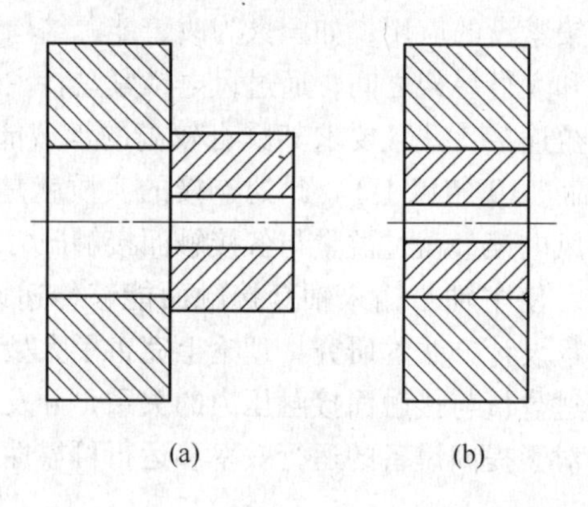

图 2－1　过盈连接示意图

（a）装配前；（b）装配后

过盈连接的主要特点是：结构简单、生产成本较低、对中性好、承载能力大、承受冲击性能好；在连接件之间不需要任何紧固件，避免了由于附加紧固件对结构强度造成削弱。因此，过盈连接在机械工程领域应用较为常见，如车床夹具、机车轮轴、发动机涡轮盘和电动机转子等[28]。另外，在精密仪器与仪表制造业中，小尺寸过盈连接应用也较为广泛；但该连接对接触面加工精度要求较高，装配过程也比较复杂。

2.2 过盈连接的类型

按照不同的分类形式，过盈连接大致分为如下几种类型。

（1）按接触面的受力变形性质分类：

1）弹性过盈连接。当外力小于弹性极限载荷时，在引起变形的外力卸除后，固体能完全恢复至原来的形状，这种能恢复的变形称为弹性变形。拆卸经使用后的过盈连接件，若接触面的变形能恢复为原先尺寸，则称为弹性过盈连接。

2）塑性过盈连接。当外力超过弹性极限载荷时，即使拆卸后连接件不能恢复原状，其中有一部分不能消失的变形被保留下来，这种能恢复的变形称为塑性变形。若过盈连接件存在塑性变形，则称为塑性过盈连接。

弹塑性过盈连接如图 2－2 所示。图 2－2 中 d 为包容件与被包容件的接触直径，塑性变形通常发生在包容件内表面区域。实际工况中，全部的塑性过盈连接会使连接强度大幅降低，甚至破坏。在弹性范围内，过盈连接虽然安全可靠，但材料往往不能充分利用[29]。因此，把过盈连接控制在弹塑性范围内较为合理。

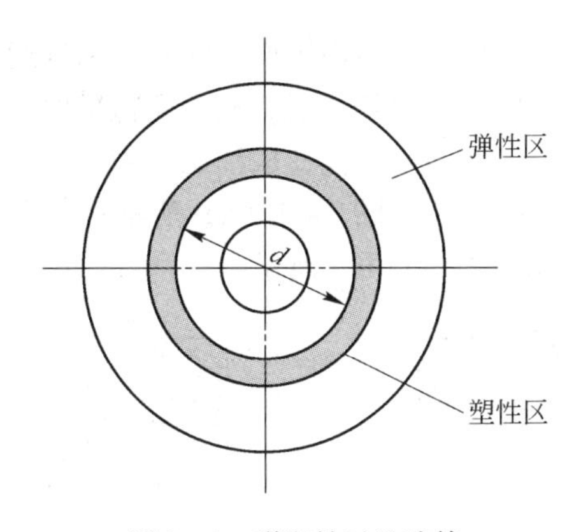

图 2－2 弹塑性过盈连接

（2）按组件的结构特征分类：

1）薄壁圆筒过盈连接。若圆筒的壁厚与半径相比是一个微小的量，则称该圆筒为薄壁圆筒。薄壁圆筒的理论分析是假定切向应力在筒壁厚度范围内为常量，且在壁厚方向没有压力梯度。

2）厚壁圆筒过盈连接。若圆筒的壁厚与半径相比是同一量级，则称该圆筒为厚壁圆筒。厚壁圆筒的几何形状和载荷都对称于圆筒的轴线，壁内各点的应力和变形也与轴线对称。这类问题属于弹性力学中的轴对称问题。

（3）按接触面的形式分类：

1）圆柱过盈连接。圆柱过盈连接具有传递力大和可靠性高等优点，加工方便，但是装拆较为困难，广泛应用于轴毂、轮圈与轮心、滚动轴承与轴的连接。

2）圆锥过盈连接。相比圆柱过盈连接，圆锥过盈连接容易装拆，可以用机械施加轴向力装拆，如胀套与锁紧盘；但多用油压进行装配，分为不带中间套与带中间套两种类型。不带中间套的连接用于中、小尺寸或不需多次装拆的连接，其结构如图 2－3 所示。带中间套的连接多用于大型、重载和需要多次装拆的连接；若中间套经过多次装拆，不符合要求时，易于更换。

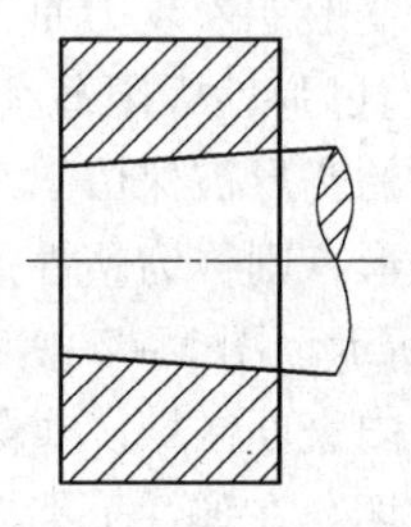

图 2－3　不带中间套的圆锥过盈连接

中间套又可分为外锥面中间套与内锥面中间套。从制造方面考虑，把锥面放在中间套的外表面比放在内表面更易加工；从表面粗糙度方面考虑，外套内表面与主轴外表面都有可能出现孔隙，可能造成油压失稳。因此，若外套内表面具有孔隙，应该用带外锥面中间套，如图 2－4（a）所示；若主轴内表面有孔隙，则用带内锥面的中间套，如图 2－4（b）所示。

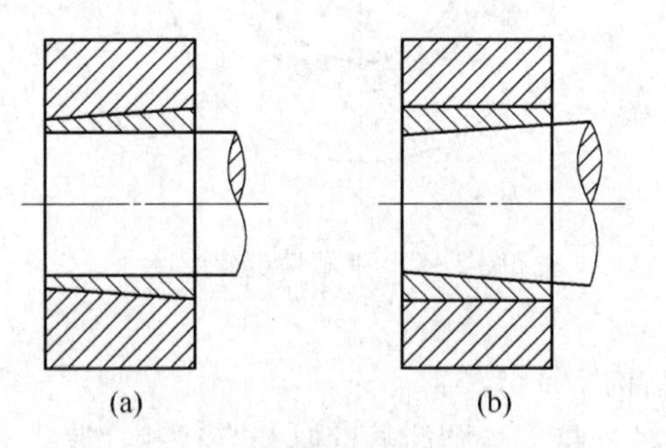

图 2－4　带中间套的圆锥过盈连接
（a）带外锥面中间套；（b）带内锥面中间套

（4）按过盈连接的功能分类：

1）用于传递载荷的过盈连接，如减速箱中传动齿轮与轴的连接、风电锁紧盘低速轴与齿轮箱的连接、机车中车轴与轮心及轮心与轮毂的连接等。此类连接传递载荷大，过盈量也大。

2）用于固定连接的过盈连接，如轴承外圈与轴承座的连接、齿轮与轴套的连接等。此类连接不传递载荷，受力不大，过盈量较小。

（5）按连接件的层次分类：

1）一级过盈连接。一级过盈连接是指只有一个接触面的过盈连接，结构简单，应用较为广泛，一般采用胀缩法进行装拆，如机车轮与车轴、齿轮与齿毂。

2）多级过盈连接。多级过盈连接是指两个以及两个以上接触面的过盈连接，结构较为复杂，一般分油压与机械压力装拆两类结构。采用油压法的多级过盈连接是在一级过盈连接加中间套（图 2－4）；采用机械压入法的多级过盈连接，其目的是自身能够通过自锁产生过盈量，如胀紧连接套与锁紧盘。

2.3 过盈连接的影响因素

过盈连接的性能受多种因素影响，如过盈量、摩擦系数、离心力、温度、动载荷等。

2.3.1 过盈量

过盈连接依靠接触面径向压力产生的摩擦力来传递载荷。随着过盈量的增加，接触压力单调递增[30]。在设计时，如果计算所得的过盈量偏小，有可能在实际运行过程中发生失效；而如果计算所得的过盈量偏大，又可能导致装配困难，组件应力偏大，降低使用寿命。因此，设计时需要准确计算所需的过盈量。

2.3.2 摩擦系数

过盈连接计算中，若已知连接件的几何尺寸和过盈量，则轴向和周向的承载能力决定于结合压力的大小和摩擦系数。因此，准确选用摩擦系数对于过盈连接计算十分重要，直接关系到过盈连接的可靠性。但因摩擦系数的影响因素较多，准确计算摩擦系数十分困难。

因此，各国学者进行了大量的试验和研究工作。早在摩擦学发展的最初阶段，曾发表过摩擦系数不变的假设；之后，库仑（Coulomb）确定了压力对摩擦系数的影响，并且求出了几种材料配合的摩擦系数，从而推翻了摩擦系数不变的观点。到 19 世纪中叶，各国学者在理论上论证了粗糙度、压力、温度等对摩擦系数的影响。近年来，也有不少学者对过盈连接中摩擦系数的问题进行了大量的试验研究。其中，Ramachandra 研究了表面粗糙度对过盈配合的影响，结果表明具有较低粗糙度的表面能够提高过盈连接的承载性能。试验研究表明：通过试验求得的摩擦系数变化范围很宽，因为影响摩擦系数的因素较多，如连接件材料、装配方式、润滑油等。因此，提供摩擦系数参考表时，必须指明这些系数的应用条件。为此，有必要先了解关于摩擦系数的研究方法和分析各种因素的影响，并推荐摩擦系数的参考表。以下进行具体的分析和讨论。

（1）接触面加工方法对压入、压出摩擦系数的影响。接触面加工方法与压入、压出摩擦系数的关系见表 2－1。从表 2－1 中可知，接触面的加工方法对压入摩擦系数与压出摩擦系数影响较大，加工精度越高，摩擦系数就越低。对于同一种加工方法，压出摩擦系数一般都大于压入摩擦系数。

表 2－1　接触面加工方法与压入压出摩擦系数的关系

加工方法	压入摩擦系数 μ_{xi}	压出摩擦系数 μ_{xe}
研　磨	0.23	0.23
精　磨	0.21	0.23
弹簧光刀精加工	0.19	0.229

（2）接触面粗糙度对连接强度的影响。接触面粗糙度对连接强度的影响见表 2－2。表 2－2 中所示数值为一组试件求得的粗糙度平均值为 $R_z = 18\mu m$，另一组试件为 $R_z = 36\mu m$。在 $R_z = 36\mu m$ 的试件中，相比上组试件，压入力 F_{xi} 减小了 26%，而压出力 F_{xe} 则减少了 42%。显然压出后的过盈对于连接强度实际影响相同，然而压出后对第一组试件过盈损失是 24μm、对第二组为 35μm。

表 2－2　接触面粗糙度对连接强度的影响

$R_z/\mu m$	过盈量/μm		F_{xi}/kN	F_{xe}/kN
	压入前	压入后		
18	119	95	550	820
36	137	102	405	475

也有人做过试验，表明粗糙度对连接强度有重要影响，R_a 在 0.16～0.63μm 范围内增加时，摩擦系数先增大、后减小。

（3）润滑剂对摩擦系数的影响。如何选择接触表面润滑剂的类型是压入连接的重要问题。润滑剂可以防止连接表面在连接过程中被划伤，但会引起连接强度的降低。根据润滑剂对连接质量影响的有关资料可知，对于铸铁件，润滑剂选用植物油较合适。

通过压入连接试验，研究汞润滑剂、航空油润滑剂、不用润滑剂对连接强度的影响。结果表明：当采用航空油时比无润滑时强度降低了 18%，采用汞润滑剂则降低了 21%。接触面润滑剂对摩擦系数的影响见表 2－3[27]。

表 2－3 接触面润滑剂对摩擦系数的影响

润滑剂	摩擦系数	
	μ_{xi}	μ_{xe}
机械油	0.058	0.061
菜籽油	0.058	0.064
脂 肪	0.032	0.064
无润滑剂	0.058	0.086

（4）装配方式对接触面摩擦系数的影响。当过盈连接件接触面的尺寸一定时，摩擦系数越大，过盈连接所能传递载荷的能力越大。当接触压力增大时，实际的接触面积随之增大，并且微观的塑性变形也会增大。随着接触压力的进一步增大，摩擦系数会达到峰值。当接触压力足够大时，实际接触面积的变化极小。此时，摩擦系数随着接触压力的增大逐渐减小。同时，装配方式对摩擦系数影响也很大[28]。表 2－4 给出了部分材料过盈连接接触面的摩擦系数。

表 2－4 部分材料过盈连接接触面的摩擦系数[29]

装配方法	连接件材料	摩擦系数	
		无润滑	有润滑
压入法	钢－钢	0.07～0.16	0.05～0.13
	钢－铸钢或优质结构钢	0.11	0.08
	钢－结构钢	0.10	0.07
	钢－铸铁	0.12～0.15	0.05～0.10
	钢－青铜	0.15～0.20	0.03～0.06
	铸铁－铸铁	0.15～0.25	0.05～0.10
胀缩法	钢－钢，电炉加热包容件到	0.14	
	300℃后，结合面脱脂	0.20	
液压法	钢－钢，压力油为矿物油	0.125	
	压力油为甘油，结合面排油干净	0.18	
	钢－铸铁，压力油为矿物油	0.10	

（5）不同接触面质量对摩擦系数的影响。过盈连接接触面的两表面质量对摩擦系数影响较大。表 2－5 列出了不同接触面质量的摩擦系数。由表 2－5 可知，圆锥过盈连接比圆柱过盈连接的摩擦系数大。而对于不同的连接表面特性，不同的装配方法也会使摩擦系数相差较大。

表 2-5 不同接触面质量的摩擦系数

被连接表面特性	装配方法		摩擦系数 μ_t	摩擦系数 μ_f
磨削（R_a = 0.32 ~ 1.25μm）	热压配合（缩紧）		0.24	0.38
	冷却被包容件（胀缩）		0.27	0.31
	油压连接（油）	T22	0.23	0.25
		Mc-20	0.22	—
氧化处理轴	热压配合		0.40	0.40
	油压连接（油）	T22	0.36	—
		Mc-20	0.31	0.34
扭转时轴镀锌，h_{Zn} = 4 ~ 15μm	热压配合		0.31	0.45
轴向剪切，h_{Zn} = 15 ~ 20μm	油压连接（油）：Mc-20		0.29	0.45
镀镉轴 h_{Cd} = 4 ~ 11μm	热压配合		0.25	—
轴渗氮 HV5160 ~ 5300MPa	热压配合		0.33	—
	油压连接（油）：Mc-20		0.30	—
覆盖 Al_2O_3 与油混合层	热压配合		0.49	—

注：μ_t 为圆柱面过盈连接摩擦系数；μ_f 为圆锥面过盈连接摩擦系数。

2.3.3 离心力

过盈连接件多用于旋转工况，随着旋转速度的提高，包容件与被包容件间过盈连接的设计不仅要考虑传递扭矩的要求，还必须考虑离心力形成的径向膨胀对过盈连接性能的影响。当转速很高时，离心力的影响有可能成为决定性因素[30]。

2.3.4 温度

在某些特殊工况下，过盈连接件的温度变化较大，致使零件材料发生热胀冷缩。温度分布的不均匀会影响过盈量的大小；零件内部产生热应力会影响过盈连接的性能。同时，温度对摩擦系数也有较大影响。随着温度的升高，摩擦系数也随之变化。大多数金属的摩擦系数随温度的升高而减小。但是，少数金属的摩擦系数随温度升高而增大[8]。

2.3.5 动载荷

工程实际中，绝大多数的过盈连接在动载荷作用下运行。承受动载荷的配合件，其状态对轴类零件来讲，承受拉伸（压缩）、扭转、弯曲等交变载荷；对与轴相配的零件，好比齿轮的齿根受弯曲力矩，承受交变弯曲载荷。从过盈配合的轴类零件所承受的交变弯曲载荷来看可分为：纯弯曲、悬臂弯曲、综合载荷作用下的弯曲、平面弯曲等。而且在连接件上，可同时作用固定的或变动的、轴向的或圆周方向的载荷。例如，风电机组中的锁紧盘、减速器中的齿轮和轴、涡轮机（透平）和液力传动装置中的轴和叶轮、机车齿轮副中的轴和齿轮等。

曾有前苏联的研究结果表明：当轴向交变载荷的频率在10Hz以下时，动载荷的配合特性和静载荷相比没有什么变化。在这种情况下，对于任何形式的轴向载荷，其连接特性都相同。因此，在承受轴向交变载荷时，若其频率不超过10Hz时，可采用静载荷的计算公式进行计算。

承受冲击载荷的连接状态取决于冲击能量的大小。当 $A_0/A=0.25$ 时，相比静扭转强度，冲击扭转的连接强度降低了35%～40%。其中，A_0 为轴相对套筒无位移时的冲击能量；A 为在多次冲击载荷下，轴和套筒在连接处发生不大的相对位移时的冲击能量。而且，扭转冲击时发生的累积位移与受轴向冲击时相同。例如，通常锻锤的活塞杆和锤头是采用过盈连接，锻打过程中其配合部分承受轴向交变冲击载荷，设计时要考虑配合部分因受轴向交变冲击载荷所引起的疲劳问题。表2－6列出了低合金钢材料承受拉伸、压缩交变载荷时的疲劳强度。

表2－6 低合金钢材料承受拉伸、压缩交变载荷时的疲劳强度

试验件	疲劳极限	
	屈服极限 σ_{w1}	强度极限 σ_{w2}
平滑	—	362.6
热压配合	117.6	156.8
热压配合（高频淬火轴）	284.2	332.2

由表2－6可知，在同样的拉伸、压缩交变载荷下，由于过盈配合使疲劳强度降低了1/3。但采用高频淬火可以有效地提高疲劳强度。由此可知，热加工工艺对受交变载荷过盈连接的影响很大。

另外，轴在承受交变弯曲时的连接强度影响也很大，影响因素涉及过盈量、结合长度、包容件刚度、载荷频率、装配方法、轴的变形等。

2.4 过盈连接的装拆工艺

机械制造中过盈连接的装配方法，按其原理不同可分为压入法、胀缩法和油压法；按作用力方向不同可分为纵向过盈连接和横向过盈连接。本节根据作用力方向不同进行分类介绍。

2.4.1　纵向过盈连接

纵向过盈连接一般指通过施加轴向压力来进行装拆，利用机械压力将被包容件直接压入包容件中。由于过盈量的存在，在压入过程中，配合表面微观不平度的峰尖会受到擦伤或压平，因而会一定程度地降低过盈连接的牢靠性。在被包容件和包容件的接触面端部设计为倒角，并对配合面进行润滑，可以减轻压入时对接触面性能的影响。

（1）压入法的注意事项：

1）接触表面必须无脏污、无腐蚀。

2）零件压入前，必须精确校直，压装时必须保证足够的对中精度。

3）所选压装设备要有足够的压力，通常压出力为压入力的1.3～1.5倍。

4）压入前，接触面可根据连接要求均匀涂一层润滑油，可用机油、柴油、亚麻油或油脂加机油等。要求油中不应含二硫化钼添加剂。

5）连接件材料相同时，为避免压入时发生黏着现象，包容件和被包容件的接触面应具有不同的硬度。

（2）对压入圆柱过盈连接的结构要求。过盈连接的压力沿接触面轴向分布不均匀（图2－5），为了改善压力不均，以减少应力集中，结构上可采取下列措施[30]：

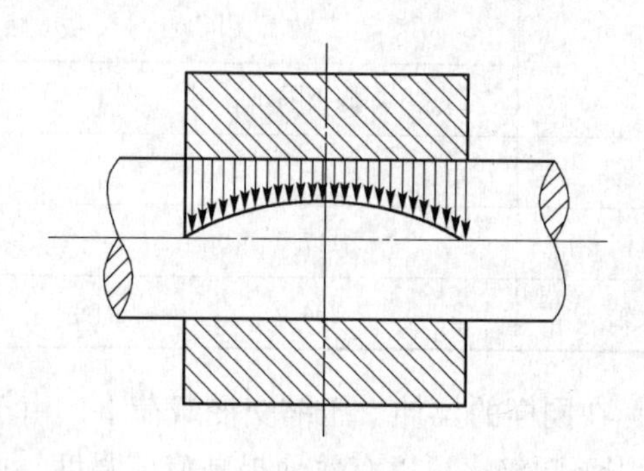

图2－5　接触面沿轴向压力分布

1）过盈连接的接触面长度一般不超过接触直径的1.6倍；如接触长度过长，必要时采用分级的接触直径或圆锥过盈连接。

2）根据过盈量大小在轴或孔端给出压入导向角，导向角不超过10°。轴倒角应准确同心，通常斜角为5°，角度过大会刮伤孔的表面。

3）轴与盲孔的过盈连接应有排气孔。

4）如果是长轴应有台阶，轴的短部分参与配合。如果仅是长轴，轴的全部都参与配合，就很难保持直径的一致，特别是小尺寸过盈连接，可靠性大大降低。

压入法的主要优点是：压装过程较简单，生产效率较高，主要用于过盈量较小的场合。其缺点是：连接表面有可能被破坏，对接触面要求较小的粗糙度，薄壁零件压装时变形不均匀。

（3）对压入圆锥过盈连接的结构要求：

1）为降低圆锥面过盈连接两端的应力集中，在包容件或被包容件端部可采用卸载槽、过渡圆弧等结构形式。

2）被连接件材料相同时，为避免黏着和装拆时表面擦伤，包容件和被包容件的接触面表面应具有不同的硬度。

3）为便于装拆，在包容件接触面的内端加工 15°的侧角或在被包容件两端加工过渡圆槽。

4）进油孔和进油环槽，可以设在包容件上，也可以设在被包容件上，以结构设计允许和装拆方便为准。进油环槽的位置，应放在大段位于包容件的质心处，但不能离两端太近，以免影响密封性。

5）进油环槽的边缘必须倒圆，以免影响接触面压力油的挤出。

6）为了油压分布均匀且能迅速建立油压和释放油压，在包容件或被包容件接触面上加工排油槽：在被包容件接触面上沿轴向加工 4 ~8 条均匀分布的细刻油槽；也可在包容件接触面上加工螺旋形的细刻油槽。

2.4.2 横向过盈连接

横向过盈连接通过产生径向力达到过盈配合的目的，其方法有胀缩法与油压法。

2.4.2.1 胀缩法

对连接质量要求较高时，采用胀缩法进行装配，即加热包容件或冷却被包容件，使之既便于装配，又减少和避免对配合表面的损伤，在常温下即可达到牢固的连接。胀缩法可分为热胀法与冷缩法：

（1）热胀法一般用火焰加热，操作简便，用氧乙炔、液化气可加热至350℃，但有局部过热的危险，适用于局部受热和膨胀尺寸要求严格控制的中型和大型连接件，如汽轮机、鼓风机、离心压缩机的叶轮与轴配合；加热介质若为沸水可加热到100℃，蒸汽可加热至120℃、油品加热可加热至320℃；电阻加热如电阻炉可加热至400℃，热介质加热与电阻加热均匀，适用于过盈量较小的场合，如滚动轴承、连杆衬套、齿轮等。另外，感应加热的加热时间短，温度调节方便、热效率高，适用于过盈量大的大型连接件，如汽轮机叶轮、大型压榨机等。

(2) 冷缩所采用的方法有：1) 干冰冷却，适用于过盈量较小的小型零件；2) 低温箱冷却，适用于接触面精度较高的连接，如发动机气门座圈等；3) 液氮冷却，适用于过盈量中等的场合，如发动机主、副衬套等。

从经济观点考虑，加热温度应最小，并根据经验不断地调整温度和控制加热时间。在单件生产条件下，采用热压配合最稳妥的方法是将包容件浸入液体中加热。但该方法由于最高温度的限制，仅用于过盈量较小的连接件，最合理的是采用感应加热，以保证高生产率，但成本较高。

2.4.2.2　油压法

油压组装法的实质是纵向和横向连接的组合，在横向是靠压力油使孔径扩大、轴径缩小，然后再用轴向压力来实现压推轴端或套筒。但是，油压连接所需要的轴向压力比一般的压入配合连接要小得多。在高压下压入接触面之间的压力油在该处形成一层分离油膜，使连接件只需克服较小的阻力就可发生相对移动。同时，接触面发生损伤的危险性也小。

为了在组装全过程中将油引入，大多数油压连接将配合面加工成略带锥度。用安装工具使带锥度的零件相对做轴向移动，产生所期望的过盈量。以两圆锥面在没有压力下相互紧靠的位置为计算移动行程的起点。

组装完毕后，移去压油工具，接触面间的油就由于接触面之间的压力而流回。于是在接触面之间形成金属的接触而抱紧。拆卸时，再将压力油压进去，如果锥度接触面设计正确，就会自动松开。考虑到安全和避免接触面发生损伤，必须将安装工具作为外压套的制动器使用，因为外压套通常（在油压拆卸时）会从轴上窜出。

圆柱过盈接触面的装配很少采用油压法，因为连接零件必须要移动接触面全长，而且在开始时，接触面间形成油膜较困难。圆柱面连接大多采用缩紧配合（热压配合）。拆卸圆柱面连接时，油压方式用得较多。

使用油压法应注意以下事项：

(1) 压装前的检查。组装前对连接件进行全面检查。检查接触面之间以及分油槽和泄油沟的边缘是否倒角良好；用涂色方法或对着光源用直尺检查全部承压面的形状，不得有锐边和加工沟纹；接触面的锥度必须一致，可用涂色法来检查，一对锥面连接相互轻轻压紧后，必须有所规定的相对轴向位置。

(2) 压装。所有接触面必须切实清洗，干燥后在锥面上稍抹点油，但采用锥形中间套的油压连接圆柱面上不得加油。将中间套和外套件套在轴上，装上压装工具，旋上压油工具，将油压入，直至接触面两端漏出油来为止。然后在确认整个接触面都有油后，操动压装工具，使外套件在不断有油压入的状态下被推送到规定位置。最后旋出压油工具，拆下压装工具。

对于圆柱过盈连接安装时，一般根据其尺寸，加热孔或冷缩轴，或同时加热孔和冷缩轴后进行安装。对于圆锥形和阶梯圆柱形过盈连接，不必加热孔和冷缩轴，而用压力油的方法进行快速安装。在采用油压安装时，应注意以下事项：安装表面不允许有破坏压力油膜形成的杂质、划痕和缺陷；应清除接触面上的油孔和环形油槽的毛刺；如果没有特殊要求，配合面选用 H7 的公差带；对于未注公差的尺寸，按切削加工件有关技术要求的规定；对于接触面，应按照包容原则设计和制造。

通过加热或冷缩方法安装的过盈连接，常温状态下，在未达到预先要求位置时，可通过油压重新调整到要求位置；安装好后，用螺塞将管路连接工艺用的孔堵死。油压拆卸时和装配时一样，通入高压油，同时用工具将被连接件卸出。对于圆锥被连接件，当高压油在配合处产生足够大的轴向分力时，被连接件自动推出，可不另外使用工具。

（3）拆卸。拆卸之前应先检查油路部分是否清洁，若不清洁应清理干净，通入压力油后，应保证压力油从过盈连接面溢出。这时用拆卸工具或压力机，将包容件持续拉出，拆卸过程中应保持压力油的压力不变。对于简单的圆柱面过盈连接，当拆卸离开最后一个环形槽之后，拆卸过程不能中断，如果中断会使油从接触面压出，并且轮毂（轴套）仍固定在轴上。

拆卸完成后应用螺塞将管路连接工艺用的螺孔堵死。推荐采用运动黏度为 46 ~ 68mm^2/s（40℃时）的矿物油作为拆卸用的介质。圆柱过盈连接拆卸时，可同时向圆柱面和轴向加压，但轴向的油压力约为圆柱面油压力的 1/5，当圆柱面的油压力达到计算的拆卸压力时，可将包容件（或被包容件）慢慢拉出，在拉出过程中应注意安全和保持油压稳定。

拆卸阶梯圆柱过盈连接时，当压力油使两个零件产生变形形成油膜后，在轴向力的作用下轴开始移动，这时应特别注意由于阶梯形圆柱直径不同，在轴向产生的力将大于开始施加的轴向力，在拆卸时事先应采取安全措施，防止拆卸结束后，轴（或轴套）被弹出。

把压装工具安装在与压装终了相同的位置，将油压入连接面，直到油从两端漏出，通常当缓慢旋转退回压装工具时，外套件会自动地退下。若压进了足够多的油，而外套件依然不能自动退下来时，必须使用专用的拔取装置。因为连接件在油压下经历较长时间后可能会突然脱开，所以必须设置一种合适的制止装置来限制外套件的轴向移动。

在室温下，最合适的压力油是薄质的纯粹矿物油。在普通室温下，所用油的黏度在 50℃时为 0.036 ~ 0.044Pa · s。油的黏度与温度和压力有关。即使比较薄质的油在低温和高压下也会变成如同橡胶状的塑性物质，使得连接件和压油工具有超应力的危险。在寒冷的场所进行压装时，特别是拆卸时，连接件应稍稍预热一下。

当连接件的制造有缺陷以致油从间隙大处漏出来，不能保持一定的油压而使压装或拆卸发生困难时，建议采用黏度较大的油。拆卸滚子轴承时，应用黏度较大的油。

油压法装配的优点是可以保证过盈连接经过多次装拆后仍具有良好的紧固性。向接触面注入高压油，增大钢包容件内径或缩小被包容件外径，同时施加适当的轴向力使两者移动一定的相对位移，排除高压油后即可得到过盈连接。采用这种方法需要在包容件和被包容件上开油孔和油槽，对接触面接触精度要求较高，而且还需要高压液压泵等专用设备。

2.4.2.3　油压法的应用

油压圆锥过盈连接在液力传动装置等设备上得到了广泛应用，该过盈连接在承受高转速的交变扭矩时，比一般的连接方式更为可靠。由于采用油压组装方法，使接触面间产生高压油膜，可以方便地组装和拆卸，只要供给压力油的输油槽开设在轮毂的位置合理，就不会因为经常拆装而造成连接表面的损伤或导致残留变形。油压圆锥过盈连接的缺点是：制造精度要求高，多用于圆锥轴的装拆。适用于过盈量较大的大、中型或需要经常拆卸的连接件，如大型联轴器、船舶螺旋桨、化工机械、机车车轮及轧钢设备；特别适用于连接定位要求严格的连接件，如大型凸轮与轴的连接。

圆锥过盈连接多用油压进行组装。油压过盈连接原理是把油压入轴和轮毂（或轴套）的锥度接触面之间，使套筒孔扩大、轴收缩，同时从轴向推压，套或轴逐渐向大端移动，当套或轴被压到既定位置后，释放油压，因外套收缩及轴膨胀而互相抱紧，形成过盈连接。由于接触面间形成的油膜，在压装和拆卸过程中，可作为润滑剂使接触面不发生接触，从而可以避免接触面的擦伤。由于接触面之间只需克服液体摩擦力的影响，因此，所需轴向压入力比一般压入配合连接要小得多。

油压圆锥连接的组装和拆卸装置主要由两部分组成：一是压油装置，二是机械推压装置。其装配结构如图 2－6 所示，压推装置 2 借助于拧在轴上的一根丝杠 1，通过旋紧螺母 3 将一个具有相应锥度的轮毂 4 轻压到一个锥形轴颈上，然后用压油装置将压力油压入轮毂上或轴上的环状输油槽。压力油分布在过盈配合接触面上，并使轮毂扩胀，直到机械力所产生的密封压力不再作用为止，这时油从轮毂端逸出。然后，再借助于机械压推装置将轮毂压紧，使轮毂端部密封压力再度升高，压油泵继续压油，使轮毂再度扩胀，因此机械压推装置又能使轮毂压进。持续这样的压装过程，一直压装到一个止口为止，或一直压装到相应于所要达到尺寸的压装行程。当轮毂达到规定位置时，切断压力油，释去油压。由于在过盈连接面上的压力油只能缓慢消失，当油压释去几分钟之后，才能取下机械压推装置。因为在未完全排掉油的接触面上仍存在着油膜，故只存在较小的液体摩擦力，轮毂由于锥度分力的作用仍可能弹开。

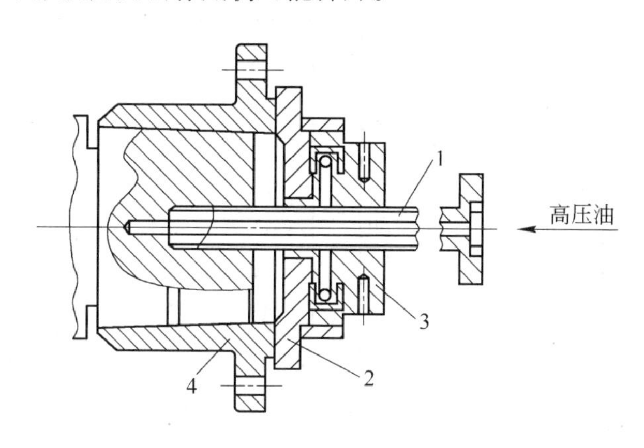

图 2-6 油压装配结构示意图

2.5 过盈连接的应用范围[29]

过盈连接在不同尺寸范围的应用情况如图 2-7 所示。小尺寸范围（≤3mm）的应用情况如图 2-7（a）所示，广泛应用于仪表制造业，特别在 0.9~1.2mm 范围内应用最多。该过盈连接的零件一般用特殊的仪表材料（黄铜、钟表宝石、玻璃等）制造，并用专门的工艺冲压、挤压法等进行加工。这个尺寸组的连接强度在很大程度上受连接表面形状和表面粗糙度的影响。由于直径小，在屈服极限内保证刚性连接的过盈量很小，零件变形的性质基本上属于弹-塑性范围的连接。连接件精度要求高，制造比较困难，成本较高，连接件的装配一般用轴向压入法。

中间尺寸范围（3~500mm）的应用如图 2-7（c）所示，在机械制造中广泛应用。连接件可用各种材料制造，用一般工艺方法加工，可用纵向或横向方法装配。在圆柱过盈连接的拆卸或圆锥连接时，可用油压扩孔和轴向压入方法装配。从图 2-7（c）可见，30~50mm 范围内应用最多。

大尺寸范围（500~1000mm）过盈连接广泛应用在重型机械、机车设备、化工机械中，其应用情况如图 2-7（b）所示。其连接件的材料多用耐热合金钢、高强度铸铁等。该连接多采用锥度过盈连接，以便维修时拆卸方便。过盈连接件所用材料范围也很广泛，大致有以下几类：

（1）脆性（$\sigma/E \leqslant 1.0\times10^{-3}$）和半脆性（$\sigma/E \leqslant 1.6\times10^{-3}$）材料，如陶瓷（常用于化工机械与电子技术中）、各种牌号的铸铁等。

（2）弹性材料（$\sigma/E \leqslant 2.5\times10^{-3}$），如各种牌号的钢。

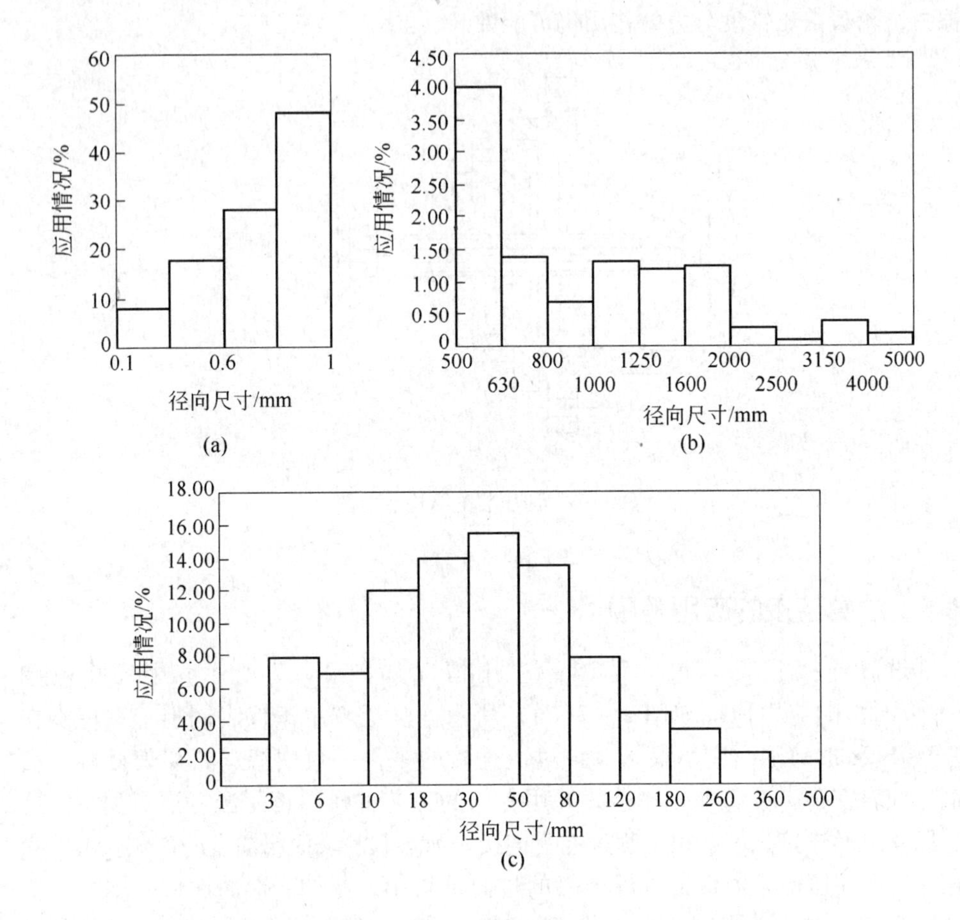

图 2－7　不同尺寸过盈连接的应用情况

（a）小尺寸过盈连接；（b）大尺寸过盈连接；（c）中尺寸过盈连接

（3）塑性材料（$\sigma/E \leqslant 4 \times 10^{-3}$），如黄铜、青铜、铝及其他有色合金。

（4）弹性－热凝性（$\sigma/E \leqslant 6.4 \times 10^{-3}$）和热塑性（$\sigma/E > 6.4 \times 10^{-3}$）的塑料。

2.6　其他过盈连接

胀紧连接套（简称胀套）作为一种新型的连接方式，是一种先进的机械基础连接件。其功能为代替键与花键实现轴与毂的连接，可以一对或者多对使用，胀套安装于轴与轴套之间，在轴向力作用下，主轴半径缩小，轴套半径胀大，与主轴和轴套紧密贴合，产生足够的摩擦力，以传递转矩、轴向力或两者的复合载荷。

胀套特点是：定心性好，装拆或调整轴与轮毂的相对位置方便，无应力集中，承载能力高，可避免零件因键槽等原因而削弱，又有密封作用；机件加工难度等级降低，无需加工键槽；安装简单无需加热加压，只需调整到安装位置并按要求拧紧螺钉；连接件强度未被削弱，强度高，传扭可靠；若载荷过大，接触面会打滑保护设备；可以传递多种方式的载荷及复合载荷；拆卸方便具有较好的互换性。胀套结构简单紧凑，性能可靠，形式多样，广泛应用于纺织、印刷、机床、冶金、矿山等行业。

弹性胀套的锥面半锥角 α 越小，接触面的压强越大，因而所能传递的载荷也越大。但 α 太小时，拆卸不方便，通常取 $\alpha = 10° \sim 14°$。胀套材料多为65、65Mn、55Cr2 或 60Cr2 等。胀套可用螺母压紧，也可在轴端或毂端用多个螺钉压紧。当采用多对胀套时，如采用同一轴向夹紧力（压紧力），各对胀套传递的转矩应递减。

2.6.1 胀套的主要结构类型

2.6.1.1 Z_1 型胀紧套

Z_1 型胀紧套一般采用整体锥环，成对使用，拆卸方便，可代替各种键连接和过盈连接，其结构如图 2－8 所示。若传递较大载荷，可采用多对环，但单侧压紧不超过 4 对环，双侧压紧可达 8 对环，有轴毂接触面对中时对中精度较高。

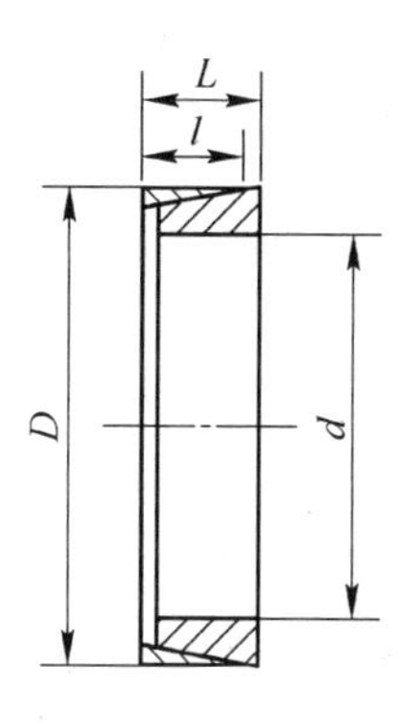

图 2－8 Z_1 型胀紧套结构示意图

2.6.1.2 Z_2 型胀紧套

Z_2 型胀紧套应用较为广泛，主要是由一个开口的双锥内环、一个开口的双锥外环及两个双锥压紧环组成，并且在其中一个压紧环上沿圆周有三处用于拆卸的螺纹，双圆锥内环与双圆锥外环均有开口，连接时需要包容件与被包容件接触面对中，其结构如图 2－9 所示。装配时，内六角螺钉产生压紧力，由于压紧时双圆锥内环与双圆锥外环不会相对于包容件、被包容件轴向移动，因此，螺钉压紧力可以产生较大径向力，从而能传递较大的载荷。

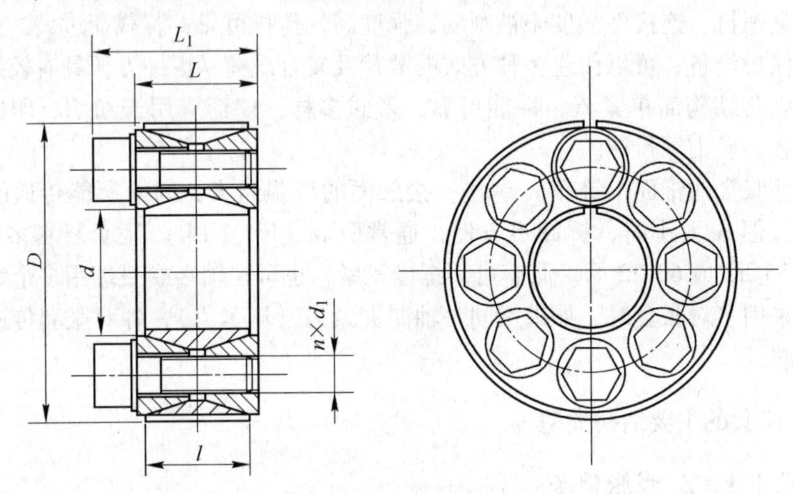

图 2－9　Z_2 型胀紧套结构示意图

2.6.1.3　Z_3 型胀紧套

Z_3 型胀紧套内、外锥环用六角螺钉压紧，接合面较长，能自动对中，用于旋转精度要求高和传递载荷大的场合。其结构如图 2－10 所示。

2.6.1.4　Z_4 型胀紧套

Z_4 型胀紧套由锥度不同的开口双锥内环、开口双锥外环及两个双锥压紧环组成；用内六角螺钉压紧，其他特点与 Z_2 型相同，但接合面较长，对中精度较高；用于旋转精度要求较高和传递较大载荷的场合。其结构如图 2－11 所示。

2.6.1.5　Z_5 型胀紧套

Z_5 型胀紧套与 Z_4 型胀紧套各锥环锥度相同，内环中间有凸缘，便于拆卸；锥度较小，可传递很大载荷；接合面较长，对中精度较高；用于传递很大载荷和对中精度要求较高的场合。其结构如图 2－12 所示。

2.6.2　胀套的选用

传递扭矩条件：

$$T_e \geqslant T$$

式中　T_e——胀套的额定扭矩；

T——胀套需要传递的扭矩。

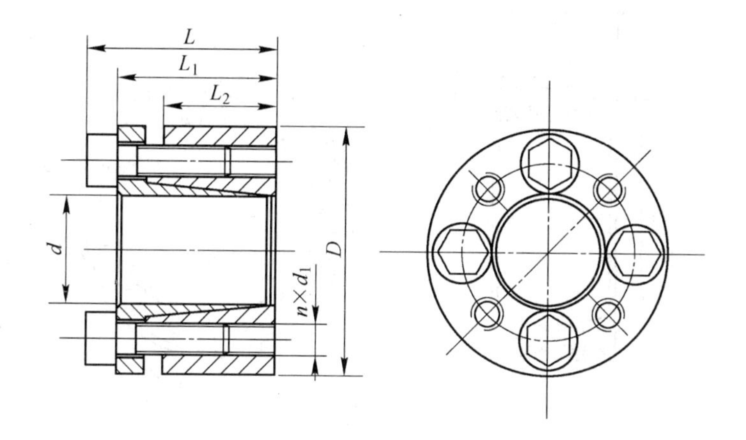

图 2－10　Z_3 型胀紧套结构示意图

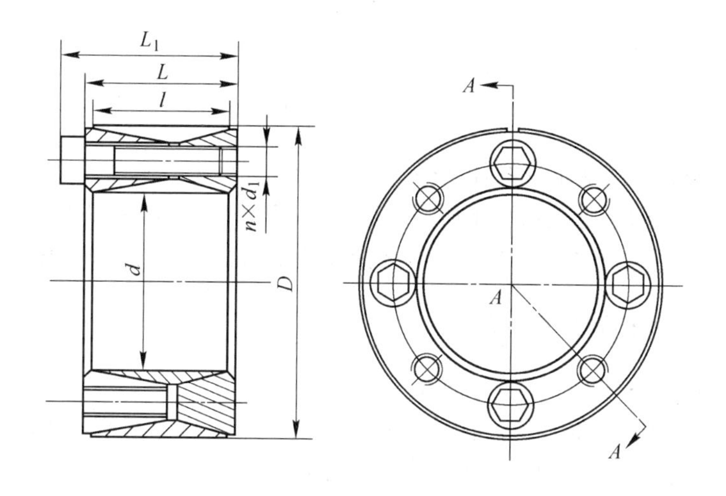

图 2－11　Z_4 型胀紧套结构示意图

承受轴向力条件：

$$F_e \geqslant F_x$$

式中　F_e——胀套的额定轴向力；

F_x——胀套需要承受的轴向力。

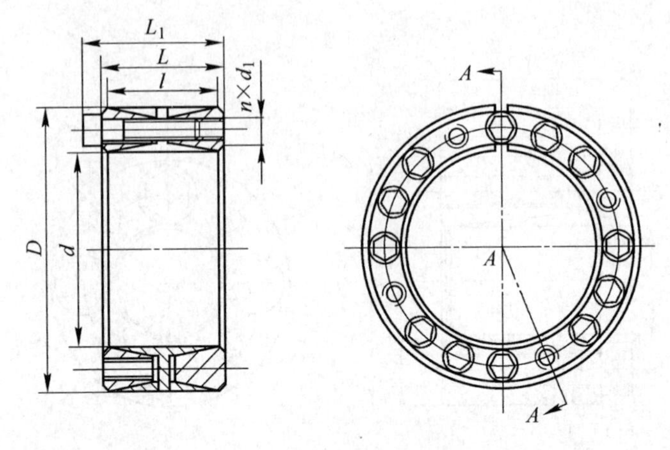

图 2－12　Z_5 型结构示意图

传递力条件：

$$F_t \geqslant \sqrt{F_x^2 + \left(T\frac{d}{2}\times 10^{-3}\right)^2}$$

承受径向力条件：

$$P \geqslant \frac{F_r}{dl}\times 10^3$$

式中　F_r——胀套需要承受的径向力。

当一个胀套的额定载荷小于所需传递的载荷时，可用两个以上的胀套串联使用，其总额定载荷为 $M_{tn}=mM_t$（M_{tn}为 n 个胀套的总额定载荷，m 为载荷系数）。

2.6.3　胀套安装和拆卸的一般要求

胀套安装和拆卸的一般要求如下：

（1）连接前的准备工作。被连接件的尺寸应按 GB/T 3177—1997 中所规定的方法进行检验。接触表面必须无污物、无腐蚀、无损伤。

（2）胀套的安装。把被连接件推移到轴上，使其到达设计规定的位置。将拧松螺钉的胀套平滑地装入连接孔处，防止被连接件倾斜，然后将螺钉拧紧。

（3）拧紧胀套螺钉的方法。胀套螺钉应使用力矩扳手按对角交叉均匀地拧紧。

（4）防护。安装完毕后，在胀套外露端面和螺钉头部涂上一层防锈油脂；对于露天作业或工作环境较差的设备，应定期在外露的胀套端面上涂防锈油脂；在腐蚀介质中工作的胀套，应采取专门的防护措施防止胀套锈蚀。

（5）胀套的拆卸。拆卸时，先将全部螺钉松开，但不要将螺钉全部拧出。

取下镀锌的螺钉和垫圈，将拉出螺钉旋入前压环的辅助螺孔中，轻轻敲击拉出螺钉的头部，使胀套松动，然后拉动螺钉，即可将胀套拉出。

2.7 过盈连接国内外发展状况

过盈连接从二十世纪三四十年代起，在机械工业特别是重型机械工业中，已有一定程度的发展。国外学者如前苏联学者对过盈连接的压装过程、摩擦系数以及压装工艺等做了一系列试验研究，过盈连接的使用范围不断扩大，但仅限于弹性范围内，即连接件应力水平不超过其材料屈服极限。

为使过盈连接在工程实际中广泛应用，德国早在20世纪40年代就制订了《过盈配合计算与应用》国家标准DIN7190。由于该标准规定的计算过程过于繁杂，而且计算误差也较大，影响了标准的使用。因此，德国公差与配合委员会所属的过盈配合委员会专家们，在过盈配合计算方法的简化方面进行了大量研究，用图算法取代了复杂的计算，取得了较大进展。运用这种计算图表，可以在较短的时间内完成过盈配合的计算[31]。

我国于1981年，由国家标准局和第一机械工业部将国家标准《过盈配合的计算和选用》的制订工作列入了标准化的工作计划，由机械工业部标准化研究所和原山东工学院负责该国标的分析研究和起草工作。山东工学院过盈配合试验研究小组，对厚壁圆筒过盈配合进行了压入、压出、应力电测、光弹性等试验。经过大量的试验研究，为制订国家标准提供了依据，顺利地完成了国标的起草工作。

近几十年，各国针对圆柱过盈连接和圆锥过盈连接进行了大量的试验研究。圆柱过盈连接已从弹性范围发展到弹塑性范围内，从两层圆筒结构发展到多层圆筒结构，并在设计、计算等方面取得了广泛经验[32~40]。研究方向可分为过盈量与接触压力的计算、装拆方式研究、加工精度与工况的影响以及接触面的微动损伤研究等，基本情况介绍如下：

（1）过盈量与接触压力计算。过盈量和接触压力的大小以及应力变形对过盈连接性能影响较大，成为研究的热点。通常假设过盈接触面的接触压力呈均匀分布，承载能力即可根据接触压力、摩擦系数以及接触面尺寸确定。实际中当包容件与被包容件长度不相等时，装配完成后外伸部分将导致配合段的两端出现较高的装配应力。配合长度越长，配合段中部的压强值越接近拉梅公式理论解。随着配合长度减小，装配强度峰值略有升高，其变化规律近似于线性关系，而配合长度越短，配合段内的接触压力平均值越高[41,42]。

Adnan Özel等[43]给出了过盈配合的应力计算公式，通过有限元软件模拟了多种形式的过盈连接。U. Güven[44]针对不同厚度的空心圆筒，详细推导了理论计算公式，得出并分析了弹性、弹塑性与塑性情况下的计算结果。滕瑞静等[45]

结合有限元法和 BP 神经网络各自的优势，以 ABAQUS 为工具分析圆柱面过盈连接接触面的应力特性及接触直径、接触宽度、包容件外径及过盈量因素对它的影响。黄庆学等[46,47]利用三维弹塑性接触问题边界元法定量分析轧机油膜轴承锥套与轧辊辊颈过盈装配过程中的变形和荷载特性，分析讨论了油膜轴承偏载时锥套接触压力和变形对锥套与辊颈损伤的影响。

岳普煜[48,49]分别在冷推进和不同阶段液压胀形力作用下，建立了油膜轴承锥套的加载模型，得出了其接触应力分布规律和变形规律。殷丹华[50]针对圆柱过盈连接和圆锥过盈连接的应力计算方法进行了研究，推导了承载扭矩和接触压力、摩擦系数等参数之间的关系。李伟建[51]通过分析锥面过盈连接几何模型，对有限尺寸条件下锥面过盈连接的位移和应力解析式进行了推导。张洪武[52]采用有限元参数二次规划法，并结合多重子结构技术研究了过盈配合的弹塑性有摩擦接触问题。

（2）装拆方式研究。过盈连接有油压法、温差法和压入法等多种装配方式。不同装配方式会对接触面的摩擦系数产生影响，进而影响过盈连接的性能。刘宝庆等[53,54]研究了表面粗糙度、锥度和过盈量等因素对摩擦系数的影响，研究表明，表面粗糙度、锥度、过盈量对摩擦系数的影响依次增大，三者影响度所占比例分别为 2.2%、9.2% 和 88.6%。

实践证明，圆柱过盈连接具有传递力大和可靠性高等优点，在很多场合下，当轴和外套的连接需要传递较大、带冲击性和方向变化的力时，该连接是唯一可行的方式。但是，连接件拆卸时会有一定困难，零件工作表面会受到损伤，甚至使连接件破坏。因此，德国 SKF 和 Kuel - Fischer 公司提出了使用圆锥油压连接，其作用与通常的压配合和热压配合的连接基本相同，只是利用在压接触面间产生一个高压油膜，使压装和拆卸大为简便，可以反复安装和拆下，而不会损坏零件表面质量，费用低微。

（3）加工精度与工况的影响。过盈量对过盈连接的性能具有重要影响，配合公差和加工精度均对过盈量有直接的影响。D. Croccolo[55]研究了采用黏结剂以增强过盈连接性能和减少所需过盈量的可行性，通过对动静态加载试验进行研究发现，在使用黏结剂的情况下，钢 - 钢组合的强度大于铝 - 钢组合。C. E. Truman 等[56]分析了齿轮装配失效时的原因，推导出了受热旋转齿轮的应力计算公式，并通过有限元分别对不同因素进行了验证。H. Boutoutaou 等[57]提出了传统的理论计算的局限性，利用有限元软件分别建立了有缺陷接触面与理想接触面模型，通过对比分析得出接触面缺陷对过盈连接影响较大。W. Mack 等[58]研究了温度对旋转的过盈连接结构的影响，指出永久的塑性变形与包容件热膨胀会使接触压力减小。S. Sen 等[59]通过有限元方法与数值模拟，对受瞬态传热的过盈连接应力分布进行了分析，结果表明不同的长宽比、传热系数对应力的影响较大。

过盈连接多用于旋转工况，当旋转速度较高时，离心力会作用于包容件与被包容件，会产生两方面影响：一是使包容件和被包容件发生径向变形，改变实际过盈量，导致接触面接触压力的变化；二是改变零件内部的应力分布。张松等[60]针对高速旋转主轴与电机转子间过盈配合问题，采用弹塑性接触有限元法建立了有限元模型，分析了离心力、过盈量对过盈接触面间的接触应力、位移和应力的影响。

另外，过盈连接件的工作环境并非恒温，装配时和工作时的温度可能有较大的变化，会使连接零件发生热胀冷缩，影响过盈连接性能。很多情况下旋转和温度变化会同时产生影响。S. J. Lewis 等[61]对齿轮中过盈装配失效问题进行了研究，分析了温度、旋转速度、摩擦系数、过盈量对齿轮过盈连接处接触面端部周向滑移的影响。胡鹏浩[62]分析了热变形对过盈配合的影响，提出了通过修正公差设计补偿热变形误差的理论方法和具体措施，指出了残余应力是影响零部件热变形的因素，并对残余应力对热变形的影响机理进行了定性和定量分析。

（4）接触面的微动损伤。由于过盈连接接触面端部的接触部位很容易发生微动磨损，因此会发生微动疲劳破坏，大大降低零部件的使用寿命。杨广雪[63]针对高速列车轮轴过盈配合部位的微动损伤问题，将小试样模拟微动疲劳试验与有限元仿真计算相结合，对旋转弯曲载荷导致轮轴配合产生微动疲劳损伤的机理进行了研究。

C. E. Truman 等[64~67]研究了半无限空间轴与套过盈配合状态下承受扭转载荷时的周向滑移问题，假设轴与套为同种材料、接触压力为常数，给出了过盈接触面周向和轴向滑移量的理论计算方法和沿过盈接触面剪切力的分布规律，并通过有限元模拟研究了不同情况下过盈配合的磨损问题。T. Juuma 等[68]研究了过盈配合的接触压力和周向滑移幅度对疲劳极限的影响。研究表明，接触压力的增大会减少周向滑移幅度，从而降低微动磨损的影响，轴的两端在低压力下会因微动磨损而断裂，在高压力下会因疲劳而破坏。当过盈连接件长时间工作或者连接零件本身存在缺陷，零件中会产生裂纹并不断扩展。黄庆学与王建梅[69,70]研究了油膜轴承锥套与辊径接触表面在轧制载荷下发生微动疲劳损伤的力学机理，给出了边缘产生接触应力集中和微滑移的分布规律。

（5）多层过盈连接研究。随着工程实际的需要，出现了越来越多的多层过盈连接结构。韩正铜等[71~73]对多层圆筒过盈连接结构的设计计算进行了研究，F. Ozturk[74]通过有限元软件建立了三个圆筒的过盈配合模型，分析了其装配后的应力分布和接触压力分布。罗中华[75]针对多层压配组合冷挤压凹模的优化设计，推导了多层压配组合冷挤压凹模的各层应力和预紧力。H. Jahed[76]将单层圆筒厚度、配合压力、自增强比例作为变量，采用单纯形法对多层圆筒过盈连接进行了优化分析。

通常情况下，多层过盈连接通过接触面积大小和变形状态的变化来影响其性能。随着装配的进行，由外向里各接触面间隙依次被消除，各圆筒最终形成过盈配合。多层圆筒过盈连接中的过盈量是影响其过盈连接性能的主要因素。锁紧盘作为发电机等关键设备的重要零部件，其中风电锁紧盘是典型的多层过盈连接形式，其工作原理是：依靠螺栓的拧紧力矩转化的轴向夹紧力使具有斜度的内外环锥面摩擦而产生径向力，继而产生过盈量；压力由外向里传递，使得轴套与主轴也产生摩擦，从而达到主轴要求传递的扭矩和轴向力。

3　过盈连接计算方法

本章以厚壁圆筒理论为基础，介绍了圆筒受不同压力时的应力与变形的计算，然后推导出过盈量与接触压力的关系。最后给出了圆柱过盈连接、圆锥过盈连接的计算和过盈量的选择。

3.1　厚壁圆筒理论基础

圆筒形零件在机械工业中得到较多应用，如大炮炮筒、高压容器、水压机工作缸、液压油缸、内燃机汽缸以及各种高压管道等，它们均承受内压。冷挤压加工用的组合模具的内模，工作中同时承受内压和外压。这些都可以简化成受压作用下的圆筒[77]。同时，在工程上的一些旋转体结构，其所承受的载荷与约束关于轴截面对称，如架空的或埋置较深的地下管道、隧道以及机械上紧配合的轴套等。圆筒的几何形状和载荷都对称于圆筒的轴线，其壁内各点的应力和变形也对称于轴线，这类问题统称为轴对称问题[78]。

对于轴对称应力问题，其应力表达式为[79]：

$$\begin{cases} \sigma_\rho = \dfrac{A}{\rho^2} + 2B \\ \sigma_\varphi = -\dfrac{A}{\rho^2} + 2B \\ \tau_{\rho\varphi} = \tau_{\varphi\rho} = 0 \end{cases} \tag{3-1}$$

式中　A，B——常数，由边界条件和约束条件来确定；

ρ——筒壁内任一点到圆心的距离。

其径向位移表达式为：

$$\begin{cases} u_\rho = \dfrac{1}{E}\left[-(1+v)\dfrac{A}{\rho} + 2(1-v)B\rho\right] \\ u_\varphi = 0 \end{cases} \tag{3-2}$$

设一厚壁圆筒的内半径为 a、外半径为 b，内、外壁分别受内、外压力 p_1、p_2 的作用，如图 3-1 所示。此问题显然是应力轴对称问题，若不计刚体位移，位移也是轴对称。此时应力具有式（3-1）所给的形式。

其边界条件为：

$$(\sigma_\rho)_{\rho=a} = -p_1, (\sigma_\rho)_{\rho=b} = -p_2 \tag{3-3}$$

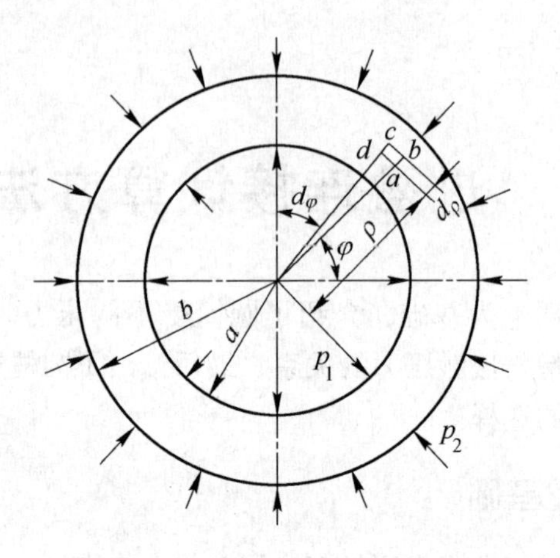

图 3－1　承受内压和外压的圆筒

将式（3－3）代入式（3－1）可得：

$$\frac{A}{a^2}+2B=-p_1,\frac{A}{b^2}+2B=-p_2 \tag{3-4}$$

求解式（3－4）即得：

$$A=\frac{a^2b^2(p_2-p_1)}{b^2-a^2},B=\frac{p_1a^2-p_2b^2}{2(b^2-a^2)} \tag{3-5}$$

将式（3－5）代入式（3－1），即得筒壁内任一点应力的表达式为：

$$\begin{cases}\sigma_\rho=\dfrac{a^2b^2}{b^2-a^2}\dfrac{p_2-p_1}{\rho^2}+\dfrac{a^2p_1-b^2p_2}{b^2-a^2}\\ \sigma_\varphi=-\dfrac{a^2b^2}{b^2-a^2}\dfrac{p_2-p_1}{\rho^2}+\dfrac{a^2p_1-b^2p_2}{b^2-a^2}\\ \tau_{\rho\varphi}=\tau_{\varphi\rho}=0\end{cases} \tag{3-6}$$

将 A 和 B 代入式（3－2）即得筒壁内任一点的径向位移为：

$$u=\frac{1-v}{E}\cdot\frac{a^2p_1-b^2p_2}{b^2-a^2}\cdot\rho+\frac{1+v}{E}\cdot\frac{a^2b^2(p_1-p_2)}{b^2-a^2}\cdot\frac{1}{\rho} \tag{3-7}$$

3.1.1　只受内压的圆筒应力与变形计算

只受内压的圆筒是实际中最常见的情况，如压力油缸、高压容器等都是只有内压而无外压，该类型的简化模型示意图如图 3－2 所示。

当圆筒受内压作用时，将 $p_2=0$ 代入式（3－6），可得筒壁内任一点应力的

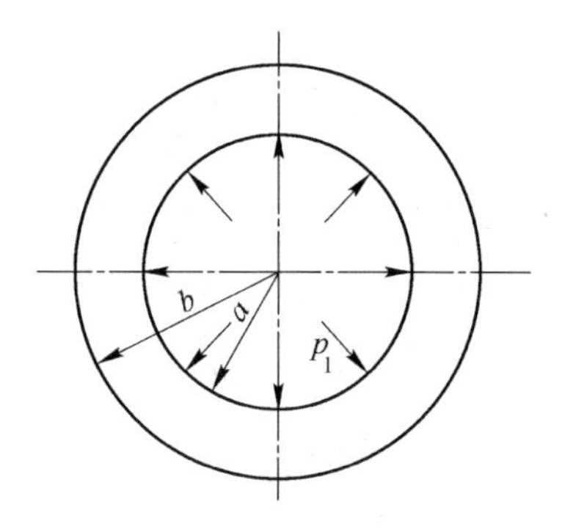

图 3 - 2　只受内压圆筒示意图

表达式为：

$$\begin{cases}\sigma_\rho = \dfrac{a^2 p_1}{b^2 - a^2} - \dfrac{a^2 b^2}{b^2 - a^2}\dfrac{p_1}{\rho^2} \\ \sigma_\varphi = \dfrac{a^2 p_1}{b^2 - a^2} + \dfrac{a^2 b^2}{b^2 - a^2}\dfrac{p_1}{\rho^2} \\ \tau_{\rho\varphi} = \tau_{\varphi\rho} = 0\end{cases} \tag{3-8}$$

沿轴向 σ_ρ 受压应力作用，沿环向 σ_φ 受拉应力作用，最大压应力和最大拉应力均在内壁，其结果为：

$$\sigma_{\varphi\max} = (\sigma_\varphi)_{\rho=a} = \frac{(b/a)^2 + 1}{(b/a)^2 - 1}p_1, \sigma_{\rho\max} = (\sigma_\rho)_{\rho=a} = -p_1$$

将 $p_2 = 0$ 代入式（3 - 7），可得筒壁内任一点的径向位移为：

$$u = \frac{1-v}{E} \cdot \frac{a^2 p_1}{b^2 - a^2} \cdot \rho + \frac{1+v}{E} \cdot \frac{a^2 b^2 p_1}{b^2 - a^2} \cdot \frac{1}{\rho} \tag{3-9}$$

3.1.2　只受外压的圆筒应力与变形计算

只受外压的圆筒如架空或埋置较深的地下管道、隧道以及机械上紧配合的轴套等的受力方式，该类型的简化模型示意图如图 3 - 3 所示。

当圆筒受外压作用时，将 $p_1 = 0$ 代入式（3 - 6），可得筒壁内任一点应力的表达式：

$$\begin{cases}\sigma_\rho = \dfrac{a^2 b^2}{b^2 - a^2}\dfrac{p_2}{\rho^2} - \dfrac{b^2 p_2}{b^2 - a^2} \\ \sigma_\varphi = -\dfrac{a^2 b^2}{b^2 - a^2}\dfrac{p_2}{\rho^2} - \dfrac{b^2 p_2}{b^2 - a^2} \\ \tau_{\rho\varphi} = \tau_{\varphi\rho} = 0\end{cases} \tag{3-10}$$

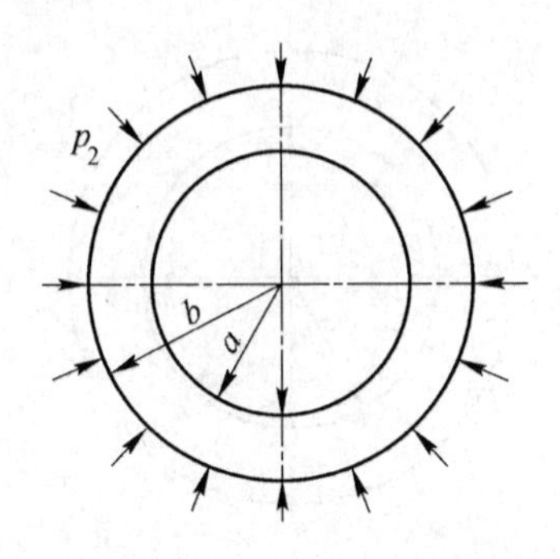

图 3-3 只受外压圆筒示意图

σ_ρ、σ_φ 均为压应力，径向最大压应力在外壁，而环向最大压应力在内壁，其结果为：

$$(\sigma_\varphi)_{\rho=a} = -\frac{2}{1-\left(\frac{a}{b}\right)^2}p_2$$

当 $b \gg a$ 时，内壁 $\left|\frac{\sigma_\varphi}{p_2}\right|_{\rho=a} \approx 2$，$\left|\frac{\sigma_\varphi}{p_2}\right|_{\rho=b} \approx 1$，$(\sigma_\rho)_{\rho=a}=0$，$(\sigma_\rho)_{\rho=b}=-p_2$。

将 $p_1=0$ 代入式（3-7），可得筒壁内任一点的位移表达式：

$$u = \frac{1-v}{E}\cdot\frac{-b^2p_2}{b^2-a^2}\cdot\rho - \frac{1+v}{E}\cdot\frac{a^2b^2p_2}{b^2-a^2}\cdot\frac{1}{\rho} \tag{3-11}$$

3.2 过盈量与接触压力的关系

过盈连接依靠包容件与被包容件接触面之间的过盈量，在接触面产生径向的接触压力。包容件的内径向外膨胀，被包容件的外径向内收缩，两者的变化量之和等于过盈量。过盈配合示意图如图 3-4 所示。

对于内筒（被包容件），只受外压作用，令 $\rho=b$，代入式（3-11）中，可得内筒外半径的变化量为：

$$\delta_i = u\Big|_{\rho=b} = -\frac{bp}{E_i}\left(\frac{b^2+a^2}{b^2-a^2}-v_i\right) \tag{3-12}$$

式中 E_i，v_i——分别为内筒材料的弹性模量和泊松比。

对于外筒（包容件），只受内压作用，令 $\rho=b$ 代入式（3-9）中，可得外筒内半径的变化量为：

$$\delta_e = u\Big|_{\rho=b} = -\frac{bp}{E_e}\left(\frac{b^2+a^2}{b^2-a^2}-v_e\right) \tag{3-13}$$

式中 E_e，v_e——分别是外筒材料的弹性模量和泊松比。

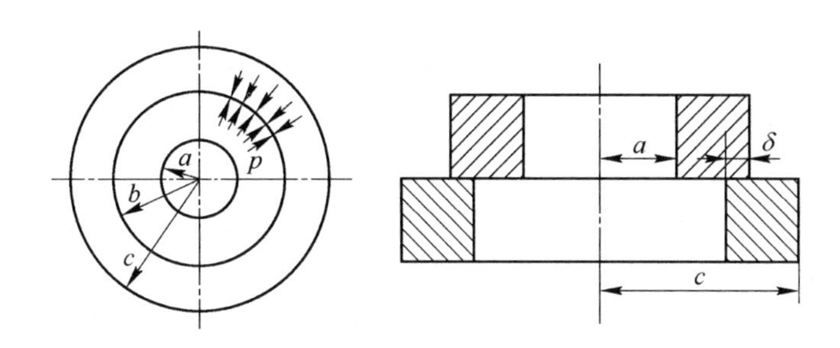

图 3－4 过盈配合示意图

从图 3－4 可看出过盈量 δ 即为：

$$\delta = |\delta_i| + |\delta_e| \tag{3-14}$$

将式（3－12）、式（3－13）代入式（3－14），可得过盈量与接触压力的关系：

$$p = \frac{\delta}{b\left[\frac{1}{E_i}\left(\frac{b^2+a^2}{b^2-a^2}-v_i\right)+\frac{1}{E_e}\left(\frac{c^2+b^2}{c^2-b^2}-v_e\right)\right]} \tag{3-15}$$

式中 c——外筒外径。

若 $E_i = E_e = E$，$v_i = v_e = v$，则式（3－15）可简化为：

$$p = \frac{E\delta(c^2-b^2)(b^2-a^2)}{2b^3(c^2-a^2)} \tag{3-16}$$

3.3 过盈连接设计计算

过盈连接计算的假设条件是：包容件与被包容件的应力处于平面应力状态，即轴向应力为零，材料的弹性模量为常量，连接部分为两个等长的厚壁圆筒，属于弹性范围内的计算，过盈连接接触面上的接触压力与应力分布如图 3－5 所示。设计的已知条件通常为传递载荷、被连接件的材料、摩擦因数、结构尺寸和表面

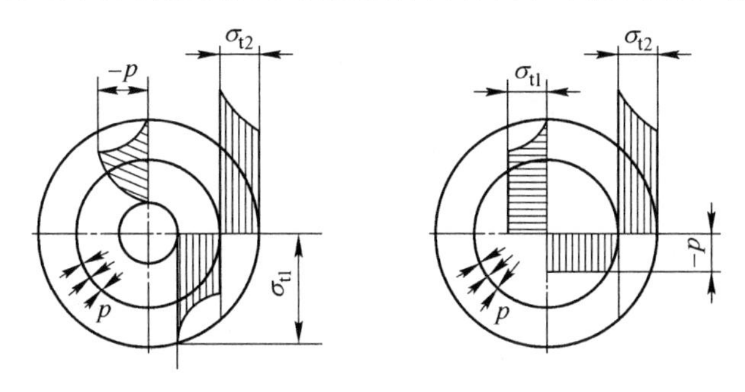

图 3－5 过盈连接接触面压力与应力分布

粗糙度，计算过程如下：

（1）根据所需传递载荷确定最小接触压力 $p_{\min}$ 及相应的最小过盈量 $\delta_{\min}$。

（2）根据被连接件的材料和尺寸，确定不产生塑性变形的最大接触压力 $p_{\max}$ 及相应的最大有效过盈量 $\delta_{\max}$。

（3）根据最小过盈量和最大有效过盈量的计算结果，确定基本过盈量，选出配合的最佳过盈量。

过盈连接的理论计算模型有圆柱过盈连接和圆锥过盈连接，计算过程如下所述。

3.3.1　圆柱过盈连接

圆柱过盈连接的接触面为圆柱形（图 3－4）。圆柱过盈连接结构简单，加工方便，广泛应用于轴毂连接、轮圈与轮心、滚动轴承与轴的连接。具体计算内容如下。

3.3.1.1　计算传递载荷所需的最小接触压力 $p_{\min}$ 和最小过盈量 $\delta_{\min}$

（1）计算所需最小接触压力。当传递轴向力 F_a 时，过盈接触面所需最小接触压力为：

$$p_{\min} = \frac{F_a}{\mu \pi d l} \tag{3-17}$$

式中　d——接触面直径；

l——接触面的配合长度；

μ——接触面摩擦系数。

当传递转矩为 M 时，过盈接触面所需最小接触压力为：

$$p_{\min} = \frac{2M}{\mu \pi d l} \tag{3-18}$$

当同时传递转矩 M 和轴向力 F_a 时，过盈接触面所需的最小接触压力为：

$$p_{\min} = \frac{\sqrt{F_a^2 + \left(\frac{2M}{d}\right)^2}}{\mu \pi d l} \tag{3-19}$$

（2）过盈连接传递载荷所需的最小过盈量为：

$$\delta_{c\min} = pd\left(\frac{C_1}{E_1} + \frac{C_2}{E_2}\right) \times 10^3 \tag{3-20}$$

式中　E——材料的弹性模量；

C_1，C_2——简化计算式而引用的系数（弹性模量与泊松比的选取见表 3－1）：

$$C_1 = \frac{1 + (d_1/d)^2}{1 - (d_1/d)^2} - \nu_1 \qquad C_2 = \frac{1 + (d/d_2)^2}{1 - (d/d_2)^2} + \nu_2$$

ν_1，ν_2——材料的泊松比；

对于压入法装配，还需要考虑配合表面的压平量，则：

$$\delta_{min} = \delta_{cmin} + (S_a + S_i) \tag{3-21}$$

式中 S_a，S_i——接触面微观被压平部分的深度（图3-6）。

表3-1 常用材料的弹性模量、泊松比和线膨胀系数

材 料	弹性模量 E/MPa	泊松比 ν	线膨胀系数 α/℃$^{-1}$	
			加 热	冷 却
碳钢、低合金钢、合金结构钢	200000～235000	0.3～0.31	11×10^{-6}	-8.5×10^{-6}
灰口铸铁HT150、HT200	70000～80000	0.24～0.25	10×10^{-6}	-8×10^{-6}
灰口铸铁HT250、HT300	105000～130000	0.24～0.26	10×10^{-6}	-8×10^{-6}
可锻铸铁	90000～100000	0.25	10×10^{-6}	-8×10^{-6}
非合金球墨铸铁	160000～180000	0.28～0.29	10×10^{-6}	-8×10^{-6}
青铜	85000	0.35	17×10^{-6}	-15×10^{-6}
黄铜	80000	0.36～0.37	18×10^{-6}	-16×10^{-6}
铝合金	69000	0.32～0.36	21×10^{-6}	-20×10^{-6}
镁合金	40000	0.25～0.3	25.5×10^{-6}	-25×10^{-6}

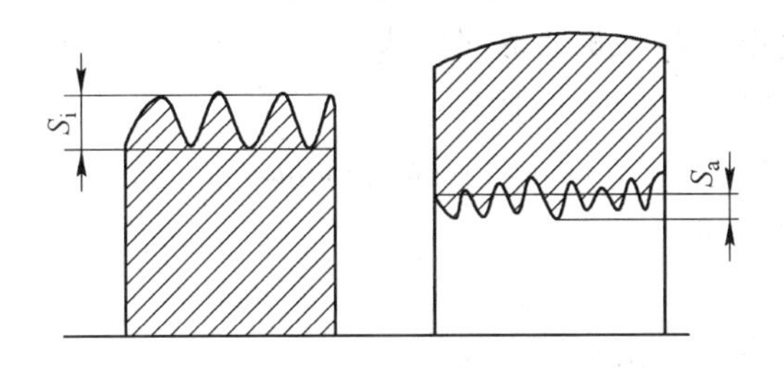

图3-6 过盈连接压平深度

对于温差法装配，其 δ_{min} 为：

$$\delta_{min} = \delta_{cmin} \tag{3-22}$$

3.3.1.2 计算零件不产生塑性变形时所允许的最大接触压力 p_{max} 和最大过盈量 δ_{max}

过盈连接由包容件和被包容件组成，为了保证过盈连接的有效性，包容件和被包容件均不能发生塑性变形。包容件受内压作用，被包容件受外压作用。由于受力和尺寸的不同，两者承载能力也不相同。

包容件不产生塑性变形所允许的最大接触压力为：

$$p_{\max 2}=\frac{1-(d/d_2)^2}{\sqrt{3+(d/d_2)^4}}\sigma_{s2} \tag{3-23}$$

被包容件不产生塑性变形所允许的最大接触压力为：

$$p_{\max 1}=\frac{1-(d_1/d)^2}{2}\sigma_{s1} \tag{3-24}$$

式中 σ_{s2}，σ_{s1}——材料的屈服极限；

d_1——被包容件内径，mm；

d_2——包容件外径，mm。

取 $p_{\max 1}$、$p_{\max 2}$ 中的较小值作为各零件不产生塑性变形所允许的最大接触压力 $p_{\max}$。

若不考虑装配时磨平的影响，则各零件不产生塑性变形所对应的内筒外表面的直径变化量为：

$$e_{\max 1}=p_{\max}d_2\frac{C_1}{E_1} \tag{3-25}$$

外筒内表面的直径变化量为：

$$e_{\max 2}=p_{\max}d_2\frac{C_2}{E_2} \tag{3-26}$$

因此，不产生塑性变形的最大过盈量为：

$$\delta_{\max}=e_{1\max}+e_{2\max} \tag{3-27}$$

3.3.1.3 过盈连接装配参数的计算

采用压入法时需要的压入压强为：

$$p_{xi}=[p_{\max}]\pi dl\mu \tag{3-28}$$

需要的压出压强为：

$$p_{xe}=(1.3\sim1.5)p_{xi} \tag{3-29}$$

采用胀缩法时包容件的加热温度为：

$$t_c=\frac{\delta+R}{\alpha_a d}+t_a \tag{3-30}$$

式中 R——装配的最小间隙；

α_a——包容件材料的线膨胀系数；

t_a——装配时的环境温度。

被包容件的加热温度为：

$$t_b=\frac{e_i}{\alpha_i d}+t_a \tag{3-31}$$

式中 α_i——被包容件材料的热膨胀系数；

e_i——被包容件外径的冷缩量。

3.3.2 圆锥过盈连接

圆锥过盈连接包括两种结构：一是不带中间套的圆锥过盈连接，主要用于中、小尺寸或不需要多次拆装的连接，如图 2－3 所示；二是带中间套的圆锥过盈连接，主要用于大型、重载和需要多次拆装的连接，分为带外锥面中间套和带内锥面中间套，如图 2－4 所示。

圆锥面过盈连接的计算与圆柱过盈连接计算方法相同，但应注意以下几点：

（1）接触面配合直径 d 应以圆锥结合面平均直径 d_m 代替，即：

$$d_m = \frac{1}{2}(d_{f1} + d_{f2}) \tag{3-32}$$

式中 d_{f1}——接触面最小圆锥直径；

d_{f2}——接触面最大圆锥直径。

（2）装拆油压通常比实际接触压力大 10%。因此，校核材料强度时应以装拆油压进行计算。

（3）当采用油压装拆时，过盈配合的接触面存在油膜。所以，装拆时与连接工作时的摩擦系数不同。推荐连接工作时的摩擦系数取 0.12，采用油压装拆时的摩擦系数取 0.02[1]。

（4）圆锥过盈连接的锥度 C 推荐选取 1∶20、1∶30、1∶50。其结合强度推荐为 $l_f \leqslant 1.5d_m$。

3.3.3 配合过盈量的选择

通常，基本过盈量 $\delta_b = (\delta_{min} + \delta_{max})/2$。当要求有较多的连接强度储备时，取 $\delta_{max} > \delta_b > (\delta_{min} + \delta_{max})/2$；当要求有较多的被连接件材料强度储备时，$\delta_{min} < \delta_b < (\delta_{min} + \delta_{max})/2$，按基本偏差代号和 δ_{max}、δ_{min} 可查标准 GB/T1801 和 GB/T 1800.4 来确定选用的配合和孔、轴公差带。选出配合的最大和最小过盈量必须满足的条件为：保证连接件不产生塑性变形，即 $[\delta_{max}] \leqslant \delta_{max}$；保证过盈连接传递额定载荷，即 $[\delta_{min}] > \delta_{min}$[80]。

选择配合种类时，在过盈量的上、下限范围内常有几种配合可供选用，一般应选择其最小过盈量 $[\delta_{min}]$ 等于或稍大于所需过盈量 δ_{min}，$[\delta_{min}]$ 过大会增加装配困难。选择较高精度的配合，其实际过盈变动范围较小，连接性能较稳定，但加工精度要求较高。配合精度较低时，虽可降低加工精度要求，但实际配合过盈变动范围较大，如成批生产，则各连接的承载能力和装配性能相差较大，需要分组选择装配，既可以保证加工的经济性，又可使各接触面的过盈量接近。

4 锁紧盘的设计计算

本章分别给出了锁紧盘设计计算的四种算法。首先计算外环与内环接触面过盈量；然后进行接触面各关键点尺寸的设计，计算需要的螺栓拧紧力；最后在最大间隙与最小间隙下，校核设计出的锁紧盘接触压力与强度。由于锁紧盘分为单圆锥锁紧盘与双圆锥锁紧盘结构，需要申明：在计算过盈量时，只有三种算法对两种结构都适用，受力平衡法仅适用于单圆锥锁紧盘过盈量计算，然后分别进行尺寸的设计，计算螺栓的拧紧力，最后可采用相同方法校核设计出的锁紧盘尺寸是否能满足其工作性能。

4.1 锁紧盘过盈量的计算

锁紧盘通过接触面积的大小和变形状态来影响其性能。随着装配的进行，由外向里各接触面间隙依次被消除，各组件最终形成过盈配合。过盈量是影响其过盈连接性能的主要因素。本章以弹性力学中受压厚壁圆筒受力与过盈连接理论为依据，推导了过盈量的四种计算方法：位移边界条件法、消除位移法、消除间隙法与受力平衡法。

4.1.1 位移边界条件法

位移边界条件法将各圆筒的位移边界条件和单个圆筒的受压变形结合在一起，采用解方程组的形式，得到各接触面接触压力，并可求得过盈量[81]。

受内外压圆筒的筒壁内任一点的径向位移公式为：

$$u_{\varphi}=\frac{1-\nu}{E}\cdot\frac{a^{2}p_{1}-b^{2}p_{2}}{b^{2}-a^{2}}\cdot\rho+\frac{1+\nu}{E}\cdot\frac{a^{2}b^{2}(p_{1}-p_{2})}{b^{2}-a^{2}}\cdot\frac{1}{\rho} \tag{4-1}$$

式中 p_1——圆筒所受的内压；

p_2——圆筒所受的外压；

ρ——所求任意一点的半径；

E——圆筒材料的弹性模量；

ν——圆筒材料的泊松比；

a——圆筒内表面半径；

b——圆筒外表面半径。

将各接触面两侧部件的边界条件代入方程式（4－1），半径方向转化为直径方向，可计算各接触面两侧部件的变形量，其表达式如下[82,83]：

$$
\begin{cases}
\Delta_1 = \dfrac{1-\nu_1}{E_1}\cdot\dfrac{d_1^2(-p_1)}{d_1^2-d_0^2}\cdot d_1+\dfrac{1+\nu_1}{E_1}\cdot\dfrac{d_0^2d_1^2(-p_1)}{d_1^2-d_0^2}\cdot\dfrac{1}{d_1} \\
\quad = -\dfrac{[1+\nu_1+(1-\nu_1)n_1^2]d_1}{E_1(n_1^2-1)}p_1 \\
\Delta_2 = \dfrac{1-\nu_2}{E_2}\cdot\dfrac{d_1^2p_1-d_2^2p_2}{d_2^2-d_1^2}\cdot d_1+\dfrac{1+\nu_2}{E_2}\cdot\dfrac{d_1^2d_2^2(p_1-p_2)}{d_2^2-d_1^2}\cdot\dfrac{1}{d_1} \\
\quad = \dfrac{[1-\nu_2+(1+\nu_2)n_2^2]d_1}{E_2(n_2^2-1)}p_1-\dfrac{2d_1n_2^2}{E_2(n_2^2-1)}p_2 \\
\Delta_3 = \dfrac{1-\nu_2}{E_2}\cdot\dfrac{d_1^2p_1-d_2^2p_2}{d_2^2-d_1^2}\cdot d_2+\dfrac{1+\nu_2}{E_2}\cdot\dfrac{d_1^2d_2^2(p_1-p_2)}{d_2^2-d_1^2}\cdot\dfrac{1}{d_2} \\
\quad = \dfrac{2d_2}{E_2(n_2^2-1)}p_1-\dfrac{[1+\nu_2+(1-\nu_2)n_2^2]d_2}{E_2(n_2^2-1)}p_2 \\
\Delta_4 = \dfrac{1-\nu_3}{E_3}\cdot\dfrac{d_2^2p_2-d_3^2p_3}{d_3^2-d_2^2}\cdot d_2+\dfrac{1+\nu_3}{E_3}\cdot\dfrac{d_2^2d_3^2(p_2-p_3)}{d_3^2-d_2^2}\cdot\dfrac{1}{d_2} \\
\quad = \dfrac{[1-\nu_3+(1+\nu_2)n_3^2]d_2}{E_3(n_3^2-1)}p_2-\dfrac{2d_2n_3^2}{E_3(n_3^2-1)}p_3 \\
\Delta_5 = \dfrac{1-\nu_3}{E_3}\cdot\dfrac{d_2^2p_2-d_3^2p_3}{d_3^2-d_2^2}\cdot d_3+\dfrac{1+\nu_3}{E_3}\cdot\dfrac{d_2^2d_3^2(p_2-p_3)}{d_3^2-d_2^2}\cdot\dfrac{1}{d_3} \\
\quad = \dfrac{2d_3}{E_3(n_3^2-1)}p_2-\dfrac{[1+\nu_3+(1-\nu_3)n_3^2]d_3}{E_3(n_3^2-1)}p_3 \\
\Delta_6 = \dfrac{1-\nu_4}{E_4}\cdot\dfrac{d_3^2p_3}{d_4^2-d_3^2}\cdot d_3+\dfrac{1+\nu_4}{E_4}\cdot\dfrac{d_3^2d_4^2p_3}{d_4^2-d_3^2}\cdot\dfrac{1}{d_3} \\
\quad = \dfrac{[1-\nu_4+(1+\nu_4)n_4^2]d_3}{E_4(n_4^2-1)}p_3
\end{cases}
\tag{4-2}
$$

式中 E_1，E_2，E_3，E_4——分别为主轴、轴套、内环、外环的弹性模量；

ν_1，ν_2，ν_3，ν_4——分别为主轴、轴套、内环、外环的泊松比；

Δ_1——主轴外表面变形量；

Δ_2——轴套内表面变形量；

Δ_3——轴套外表面变形量；

Δ_4——内环内表面变形量；

Δ_5——内环外表面变形量；

Δ_6——外环内表面变形量。

$$n_1=\frac{d_1}{d_0},n_2=\frac{d_2}{d_1},n_3=\frac{d_3}{d_2},n_4=\frac{d_4}{d_3}$$

式中 d_0——主轴内径；

d_1——主轴与轴套接触面直径；

d_2——轴套与内环接触面直径；

d_3——内环与外环接触面直径；

d_4——外环外径。

为简化式（4-2），可以将公式中的相同部分用一个变量来表示：

$$A=-\frac{[1+\nu_1+(1-\nu_1)n_1^2]d_1}{E_1(n_1^2-1)}\qquad B=\frac{[1-\nu_2+(1+\nu_2)n_2^2]d_1}{E_2(n_2^2-1)}$$

$$C=\frac{2d_1n_2^2}{E_2(n_2^2-1)}\qquad D=\frac{2d_2}{E_2(n_2^2-1)}\qquad E'=\frac{[1+\nu_2+(1-\nu_2)n_2^2]d_2}{E_2(n_2^2-1)}$$

$$F=\frac{[1-\nu_3+(1+\nu_3)n_3^2]\cdot d_2}{E_3(n_3^2-1)}\qquad G=\frac{2d_2n_3^2}{E_3(n_3^2-1)}\qquad H=\frac{2d_3}{E_3(n_3^2-1)}$$

$$I=\frac{[1+\nu_3+(1-\nu_3)n_3^2]d_3}{E_3(n_3^2-1)}\qquad J=\frac{[1-\nu_4+(1+\nu_4)n_4^2]d_3}{E_4(n_4^2-1)}$$

再将上述系数 A、B、C、D、E、F、G、H、I、J 代入方程组（4-2）简化可得：

$$\begin{cases}\Delta_1=Ap_1\\ \Delta_2=Bp_1-Cp_2\\ \Delta_3=Dp_1-E'p_2\\ \Delta_4=Fp_2-Gp_3\\ \Delta_5=Hp_2-Ip_3\\ \Delta_6=Jp_3\end{cases}$$

由位移边界条件知：

$$\begin{cases}\Delta_1-\Delta_2=R_1\\ \Delta_3-\Delta_4=R_2\\ \Delta_6-\Delta_5=\delta_3\end{cases}\tag{4-3}$$

即：

$$\begin{cases}(A-B)p_1+Cp_2=R_1\\ Dp_1-(E'+F)p_2+Gp_3=R_2\\ (J+I)p_3-Hp_2=\delta_3\end{cases}\tag{4-4}$$

式中 R_1——主轴与轴套接触面的装配间隙；

R_2——轴套与内环接触面的装配间隙。

由已知条件可得主轴传递扭矩时轴与轴套接触面所需接触压力[84]：

$$p_1 = \frac{2M}{\mu_1 \pi d_1^2 l_1} \tag{4-5}$$

联立方程组（4－4）与（4－5）可得轴套与内环接触面所需接触压力：

$$p_2 = \frac{R_1 - (A - B)p_1}{C} \tag{4-6}$$

然后可得内环与外环接触面所需的接触压力：

$$p_3 = \frac{R_2 - Dp_1 + (E' + F)p_2}{G} \tag{4-7}$$

最后可得内环与外环接触面所需的设计过盈量：

$$\delta_3 = (J + I)p_3 - Hp_2 \tag{4-8}$$

4.1.2 消除位移法

消除位移法首先计算出主轴与轴套接触面所需过盈量，并考虑到装配间隙，计算出轴套所需要的位移，然后得出轴套所需要的接触压力，轴套与内环接触面计算方法类似，最后可以得出所设计的过盈量。

主轴与轴套接触面接触压力 p_1 可由式（4－5）计算。

传递扭矩时主轴与轴套所需过盈量 δ_1 为：

$$\delta_1 = p_1 d_1 \left(\frac{C_1}{E_1} + \frac{C_2}{E_2}\right) \tag{4-9}$$

式中 C_1——被包容件（主轴）系数，$C_1 = \dfrac{d_1^2 + d_0^2}{d_1^2 - d_0^2} - \nu_1$（系数 C_1、C_2的取值可根据不同的结构查表4－1，下同）；

C_2——包容件（轴套）系数，$C_2 = \dfrac{d_2^2 + d_1^2}{d_2^2 - d_1^2} + \nu_2$。

表4－1 包容件系数 C_a 与被包容件系数 C_i 的取值表

q_a 或 q_i	C_a		C_i	
	$\nu_a = 0.30$	$\nu_a = 0.25$	$\nu_i = 0.3$	$\nu_i = 0.25$
0	—	—	0.700	0.750
0.10	1.320	1.270	0.720	0.770
0.14	1.340	1.290	0.740	0.790
0.20	1.383	1.333	0.783	0.833
0.25	1.433	1.383	0.833	0.883

续表 4－1

q_a 或 q_i	C_a		C_i	
	$\nu_a=0.30$	$\nu_a=0.25$	$\nu_i=0.3$	$\nu_i=0.25$
0.28	1.470	1.420	0.870	0.920
0.31	1.512	1.462	0.912	0.962
0.35	1.579	1.529	0.979	1.029
0.40	1.681	1.631	1.081	1.131
0.45	1.808	1.758	1.208	1.258
0.50	1.967	1.917	1.367	1.417
0.53	2.081	2.031	1.481	1.531
0.56	2.214	2.164	1.614	1.664
0.60	2.425	2.375	1.825	1.875
0.63	2.616	2.566	2.016	2.066
0.67	2.929	2.879	2.329	2.379
0.71	3.333	3.283	2.733	2.783
0.75	3.871	3.821	3.271	3.321
0.80	4.855	4.805	4.255	4.305
0.85	6.507	6.457	5.907	5.957
0.90	9.826	9.776	9.226	9.276

注：$q_a=d_b/d$ 或 $q_i=d/d_a$（d_b 为包容件外径，d 为接触面直径，d_a 为被包容件内径）。

设主轴与轴套装配间隙为 R_1，轴套内径所需缩小量 u_1 为：

$$u_1=\delta_1+R_1 \tag{4-10}$$

欲使轴套内表面产生 u_1，则轴套外表面所需接触压力 p_2 为：

$$p_2=\frac{u_1E_2(d_2^2-d_1^2)}{2d_1d_2^2} \tag{4-11}$$

轴套与内环接触面过盈量为：

$$\delta_2=p_2d_2\left(\frac{C_2'}{E_2}+\frac{C_3}{E_3}\right) \tag{4-12}$$

式中 C_2'——被包容件（主轴与轴套）系数，$C_2'=\dfrac{d_2^2+d_0^2}{d_2^2-d_0^2}-\nu_a$（$\nu_a$ 为主轴与轴套的等效泊松比）；

C_3——包容件（内环）系数，$C_3=\dfrac{d_3^2+d_2^2}{d_3^2-d_2^2}+\nu_3$（$\nu_3$ 为内环的等效泊松比）。

设轴套与内环装配间隙为 R_2，内环内径所需缩小量 u_2 为：

$$u_2 = \delta_2 + R_2 \tag{4-13}$$

欲使内环内表面产生 u_2，则内环外表面所需加接触压力 p_3 为：

$$p_3 = \frac{u_2 E_3 (d_3^2 - d_2^2)}{2 d_2 d_3^2} \tag{4-14}$$

内环与外环过盈量为：

$$\delta_3 = p_3 d_3 \left(\frac{C_3'}{E_3} + \frac{C_4}{E_4} \right) \tag{4-15}$$

式中 C_3'——被包容件（主轴、轴套与内环）系数，$C_3' = \dfrac{d_3^2 + d_0^2}{d_3^2 - d_0^2} - \nu_b$（$\nu_b$为主轴轴套与内环的等效泊松比）；

C_4——包容件（外环）系数，$C_4 = \dfrac{d_4^2 + d_3^3}{d_4^3 - d_3^2} + \nu_4$（$\nu_4$ 为外环的等效泊松比）。

4.1.3 消除间隙法

消除间隙法通过计算主轴与轴套接触面所需接触压力，结合消除主轴与轴套接触面间隙、轴套与内环接触面间隙所需压力得到内环与外环接触面所需的接触压力，最后得出该接触面的过盈量。

主轴与轴套接触面传递扭矩所需接触压力 p_1 可由式（4－5）计算。

主轴与轴套接触面最大间隙为 R_1，则轴套消除间隙所需接触压力为：

$$\Delta p_2 = \frac{R_1 E_2 (d_2^2 - d_1^2)}{2 d_1 d_2^2} \tag{4-16}$$

所以，轴套外表面所需施加接触压力为：

$$p_2 = p_1 + \Delta p_2 \tag{4-17}$$

轴套与内环配合最大间隙 R_2，则内环消除间隙所需接触压力为：

$$\Delta p_3 = \frac{R_2 E_3 (d_{3l}^2 - d_2^2)}{2 d_2 d_{3l}^2} \tag{4-18}$$

内环外表面所需接触压力为：

$$p_3 = p_2 + \Delta p_3 \tag{4-19}$$

内环与外环过盈量可由式（4－15）计算。

4.1.4 受力平衡法

主轴与轴套接触面传递扭矩所需接触压力 p_1 可由式（4－5）计算。传递扭矩轴与轴套所需过盈量 δ_1[26]可由式（4－9）计算。最大间隙 R_1 的情况下，轴套内径所需缩小量 u_1 可由式（4－10）计算。

欲使轴套内表面产生 u_1，则轴套外表面所需接触压力 p_2 可由式（4－11）计算。

内环受力分析如图 4－1 所示。内环长、短接触面分别受到正压力 W_{31}、W_{3s}，摩擦力 f_{31}、f_{3s}，螺栓的轴向力 F_a 和轴套对内环的作用力（单位 N）。

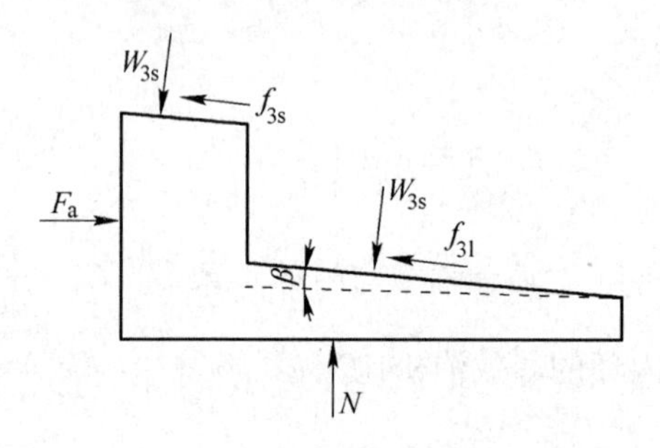

图 4－1　内环受力分析图

在竖直方向上由受力平衡可得：

$$N = (W_{31} + W_{3s})\cos\beta - (f_{31} + f_{3s})\sin\beta \tag{4-20}$$

长、短圆锥面的摩擦与正压力之间有：

$$f_{31} = \mu_3 W_{31}, f_{3s} = \mu_3 W_{3s} \tag{4-21}$$

根据轴套与内环接触面的接触压力可得：

$$N = p_2 \pi d_3 l_2 \tag{4-22}$$

由式（4－27）~式(4－29）可得接触面压力之和 $W_{31} + W_{3s}$：

$$W_{31} + W_{3s} = \frac{p_2 \pi d_3 l_2}{\cos\beta - \mu_3 \sin\beta} \tag{4-23}$$

式中　μ_3——内环与外环接触面的摩擦系数；

β——内环半倾角；

l_2——轴套与内环接触面轴向长度。

根据锁紧盘的尺寸和螺栓拧紧时内环的推进行程，可推导出 W_{31}、W_{3s} 的比值，假设内环的推进行程为 L，推进行程各参数关系分析如图 4－2 所示。

由图 4－2 中的关系可以得出：

$$c = \frac{b}{\sin\beta}, b = \frac{a}{\cos\beta} \Rightarrow c = \frac{a}{\sin\beta\cos\beta} \tag{4-24}$$

由式（4－24）可以计算出外环推进行程：

$$L = \frac{\delta_{31}}{\sin\beta\cos\beta} \tag{4-25}$$

因此，长圆锥面的过盈量为 $\delta_{31} = L\sin\beta\cos\beta$，短圆锥面的过盈量为 δ_{3s}。

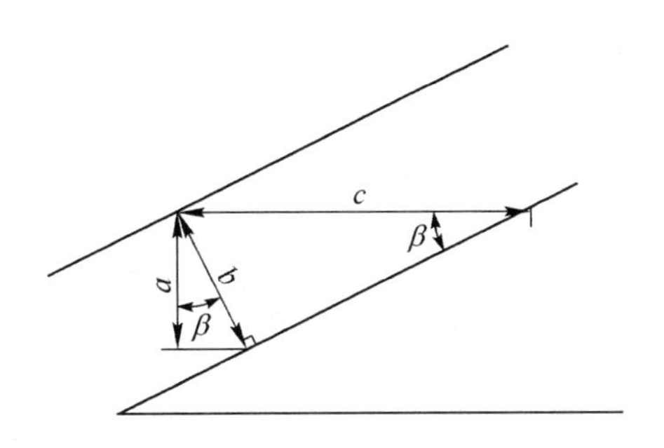

图 4－2 推进行程各参数关系分析

将主轴、轴套与内环看为一个整体，则有

长接触面被包容件系数：

$$C_{31}=\frac{d_{31}^2+d_1^2}{d_{31}^2-d_1^2}-\nu_b \tag{4-26}$$

包容件系数：

$$C_{41}=\frac{d_4+d_{31}^2}{d_4-d_{31}^2}+\nu_4 \tag{4-27}$$

式中 ν_b——主轴、轴套与内环的等效泊松比；

ν_4——外环泊松比。

因此，可得长接触面的系数：

$$C_1=C_{31}+C_{41} \tag{4-28}$$

同理，可得短接触面的系数：

$$C_s=C_{3s}+C_{4s} \tag{4-29}$$

将各组件的弹性模量看为一个等效的弹性模量，然后根据过盈量计算公式（4－26）~式（4－29），可求得长、短接触面接触压力的比值：

$$\frac{\delta_s}{\delta_1}=\frac{p_sC_sd_{3s}}{p_1C_1d_{31}}\Rightarrow\frac{p_s}{p_1}=\frac{\delta_sC_1d_{31}}{\delta_1C_sd_{3s}} \tag{4-30}$$

将式（4－30）代入 $W=\frac{p\pi dl}{\cos\beta}$得：

$$\frac{W_{3s}}{W_{31}}=\frac{\pi p_sd_{3s}l_{3s}}{\pi p_1d_{31}l_{31}}=\frac{\delta_sC_1l_{3s}}{\delta_1C_sl_{31}} \tag{4-31}$$

式中 l_{31}——长接触面的长度；

l_{3s}——短接触面的长度。

由于内环长接触面起主要过盈，是传递扭矩和轴向力的依托。短接触面起辅助过盈，故长接触面的接触压力为：

$$p_3=\frac{W_{31}\cos\beta}{\pi d_{31}l_{31}} \tag{4-32}$$

传递负载所需最小过盈量：

$$\delta_3 = p_3 d_{31}\left(\frac{C_{31} + C_{41}}{E_m}\right) \tag{4-33}$$

式中，E_m 为各组件的等效弹性模量，其计算公式为：

$$\frac{1}{E_m} = \frac{1}{2}\left(\frac{1-\nu_1^2}{E_1} + \frac{1-\nu_2^2}{E_2}\right)$$

4.2 锁紧盘过盈量计算算例

为了更好地理解锁紧盘的设计算法，本节以风电锁紧盘某一型号尺寸参数进行计算，由于第四种算法计算思路与其他有较大差别，因此本节仅采用前三种方法分别进行计算对比，结果见表4-2。

表4-2 锁紧盘算例表

已 知 条 件	主轴与轴套的接触面长度 $l_1 = 1.1 \times 0.255$
主轴内径 $d_0 = 60$mm	各组件材料泊松比为：$\nu_1 = \nu_2 = \nu_3 = \nu_4 = 0.3$ 等效泊松比为 $\nu_a = \nu_b = 0.3$
主轴与轴套接触面直径 $d_1 = 520$mm	主轴与轴套接触面间隙 $R_1 = 0.136$
轴套与内环接触面直径 $d_2 = 640$mm	轴套与内环接触面间隙 $R_2 = 0.24$
内环与外环接触面直径 $d_3 = 663.715$mm	主轴的弹性模量 $E_1 = 210000$MPa
外环外径 $d_4 = 1020$mm	轴套的弹性模量 $E_2 = 180000$MPa
主轴与轴套接触面传递的扭矩 $M = 2800$N·m	内环的弹性模量 $E_3 = 210000$MPa
主轴与轴套接触面的摩擦系数 $\mu_1 = 0.15$	外环的弹性模量 $E_4 = 210000$MPa
计算参数	计算公式和计算结果
被包容件（主轴）系数	$C_1 = \frac{d_1^2 + d_0^2}{d_1^2 - d_0^2} - \nu_1 = 0.7270$
包容件（轴套）系数	$C_2 = \frac{d_2^2 + d_1^2}{d_2^2 - d_1^2} + \nu_2 = 5.1851$
被包容件（主轴与轴套）系数	$C_2' = \frac{d_2^2 + d_0^2}{d_2^2 - d_0^2} - \nu_a = 0.7177$
包容件（内环）系数	$C_3 = \frac{d_3^2 + d_2^2}{d_3^2 - d_2^2} + \nu_3 = 27.7962$
被包容件（主轴、轴套与内环）系数	$C_3' = \frac{d_3^2 + d_0^2}{d_3^2 - d_0^2} - \nu_b = 0.7165$

续表 4－2

已知条件		主轴与轴套的接触面长度 $l_1 = 1.1 \times 0.255$
包容件（外环）系数		$C_4 = \dfrac{d_4^2 + d_3^2}{d_4^2 - d_3^2} + \nu_4 = 2.7687$
主轴与轴套接触面传递扭矩所需接触压力		$p_1 = \dfrac{2M}{\mu_1 \pi d_1^2 l_1} = 156.68\text{MPa}$
A，B，C，D，E，F，G，H，I，J		$A = -0.0018$，$B = 0.01498$， $C = 0.017$，$D = 0.01381$， $E = 0.0163$，$F = 0.08471$， $G = 0.08685$，$H = 0.08374$， $I = 0.08596$，$J = 0.00875$
计算方法	计算内容	计算公式和计算结果
消除位移法	传递扭矩主轴与轴套所需过盈量	$\delta_1 = p_1 d_1 \left(\dfrac{C_1}{E_1} + \dfrac{C_2}{E_2} \right) = 2.629\text{mm}$
	轴套内径所需缩小量	$u_1 = \delta_1 + R_1 = 2.765\text{mm}$
	使轴套内表面产生 u_1，轴套外表面所需接触压力	$p_2 = \dfrac{u_1 E_2 (d_2^2 - d_1^2)}{2 d_1 d_2^2} = 162.63\text{MPa}$
	轴套与内环接触面过盈量	$\delta_2 = p_2 d_2 \left(\dfrac{C_2'}{E_2} + \dfrac{C_3}{E_3} \right) = 14.192\text{mm}$
	内环内径所需缩小量	$u_2 = \delta_2 + R_2 = 14.432\text{mm}$
	使内环内表面产生 u_2，内环外表面所需接触压力	$p_3 = \dfrac{u_2 E_3 (d_3^2 - d_2^2)}{2 d_2 d_3^2} = 166.18\text{MPa}$
	内环与外环过盈量	$\delta_3 = p_3 d_3 \left(\dfrac{C_3'}{E_3} + \dfrac{C_4}{E_4} \right) = 1.830\text{mm}$
消除间隙法	轴套消除间隙所需接触压力	$\Delta p_2 = \dfrac{R_1 E_2 (d_2^2 - d_1^2)}{2 d_1 d_2^2} = 9.333\text{MPa}$
	轴套外表面所需接触压力	$p_2 = p_1 + \Delta p = 166.01\text{MPa}$
	内环消除间隙所需接触压力	$\Delta p_3 = \dfrac{R_2 E_3 (d_{3l}^2 - d_2^2)}{2 d_2 d_{3l}^2} = 2.764\text{MPa}$
	内环外表面所需接触压力	$p_3 = p_2 + \Delta p_3 = 165.394\text{MPa}$
	内环与外环过盈量	$\delta_3 = p_3 d_3 \left(\dfrac{C_3'}{E_3} + \dfrac{C_4}{E_4} \right) = 1.822\text{mm}$

续表 4 - 2

计算方法	计 算 内 容	计算公式和计算结果
位移边界条件法	轴套与内环接触面所需接触压力	$p_2 = \frac{R_1 - (A - B)p_1}{C} = 162.63\text{MPa}$
	内环与外环接触面所需的接触压力	$p_3 = \frac{R_2 - Dp_1 + (E + F)p_2}{G} = 167.01\text{MPa}$
	内环与外环过盈量	$\delta_3 = (J + I)p_3 - Hp_2 = 2.197\text{mm}$

4.3 尺寸设计

由于单圆锥面锁紧盘与双圆锥面锁紧盘结构区别较大，以下分别给出了关于单、双圆锥面锁紧盘的尺寸设计方法。

4.3.1 单圆锥面结构的尺寸设计

4.3.1.1 尺寸设计说明

设计尺寸时，根据部分已知关键点的参数，计算出其他各关键点的尺寸，如图 4 - 3 所示。

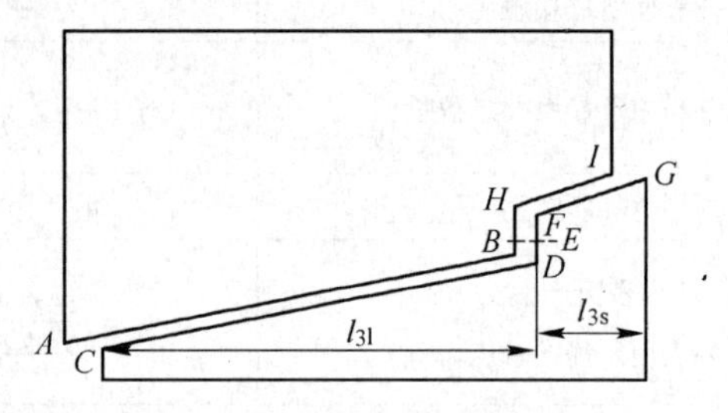

图 4 - 3　单圆锥面锁紧盘的内环与外环配合关系

首先给定内环尺寸：C 点直径 d_C，长圆锥面宽度 l_{31}，短圆锥面宽度 l_{3s}，螺栓中心线直径 d_E，内环圆锥面半倾角 β。

根据计算所得内环长圆锥面过盈量及内环圆锥面公差设计内环尺寸，设长圆锥面各关键点尺寸为 $d_{C\ -R_{31}}^{\ +R_{31}}$、$d_{A\ -R_{31}}^{\ +R_{31}}$、$d_{F\ -R_{31}}^{\ +R_{31}}$、$d_{H\ -R_{31}}^{\ +R_{31}}$，由于公差引起的圆锥面直径变化量在 $[-2R_{31},\ +2R_{31}]$ 区间，所以圆锥面的设计过盈量为 $\delta_{31} = \delta_{31\max} + 2R_{31}$。

内环与外环圆锥面取最大间隙时（外环直径取上偏差、内环直径取下偏差）过盈量为 $\delta_{31} = \delta_{31\max}$，取最小间隙时（外环直径取下偏差、内环直径取上偏差）过盈量为 $\delta_{31} = \delta_{31\max} + 4R_{31}$。

4.3.1.2 确定关键尺寸[25]

输入已知参数：d_C，l_{31}，l_{3s}，d_E，β。

由图 4 –3 中的几何关系，可计算出内环尺寸：

$$d_D = d_C + 2l_{31}\tan\beta$$

$$d_F = d_D + 2(d_E - d_D) = 2d_E - d_D$$

$$d_G = d_F + 2l_{3s}\tan\beta$$

内环与外环接触面最小间隙时，内环尺寸为：

$$d_{Cmin} = d_C + 0.062$$

$$d_{Dmin} = d_D + 0.062$$

$$d_{Fmin} = d_F + 0.062$$

$$d_{Gmin} = d_G + 0.062$$

$$d_{lamin} = (d_{Cmin} + d_{Dmin})/2$$

$$d_{lbmin} = (d_{Fmin} + d_{Gmin})/2$$

内环与外环接触面最大间隙时，内环尺寸为：

$$d_{Cmax} = d_C - 0.062$$

$$d_{Dmax} = d_D - 0.062$$

$$d_{Fmax} = d_F - 0.062$$

$$d_{Gmax} = d_G - 0.062$$

$$d_{lamax} = (d_{Cmax} + d_{Dmax})/2$$

$$d_{lbmax} = (d_{Fmax} + d_{Gmax})/2$$

由设计的过盈量可计算出外环尺寸：

$$d_A = d_C - \delta_{31}$$

$$d_B = d_A + 2l_{31}\tan\beta$$

$$d_H = d_B + 2(d_E - d_D) + 2l_{as}\sin\beta\cos\beta$$

$$d_I = d_H + 2l_{3s}\tan\beta$$

内环与外环接触面最小间隙时，外环尺寸为：

$$d_{Amin} = d_A - 0.062$$

$$d_{Bmin} = d_B - 0.062$$

$$d_{Hmin} = d_H - 0.062$$

$$d_{Imin} = d_I - 0.062$$

内环与外环接触面最大间隙时，外环尺寸为：

$$d_{Amax} = d_A + 0.062$$

$$d_{Bmax} = d_B + 0.062$$

$$d_{Hmax} = d_H + 0.062$$

$$d_{Imax} = d_I + 0.062$$

4.3.2 双圆锥面结构的尺寸设计

双圆锥面锁紧盘的内环与外环配合关系如图 4 –4 所示。

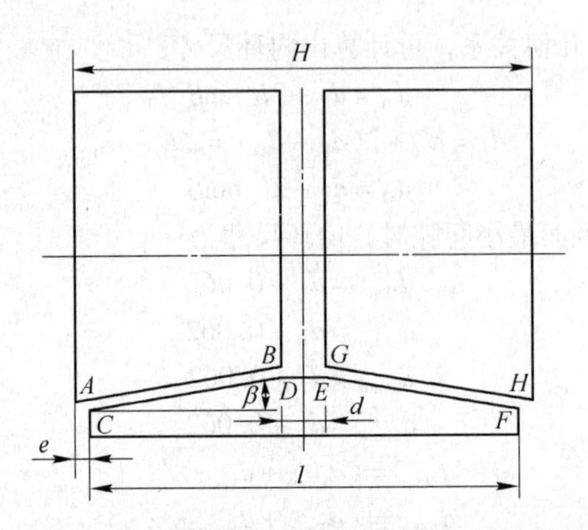

图4－4 双圆锥面锁紧盘的内环与外环配合关系

尺寸设计时，首先给定已知参数：C 点直径 d_C，外环宽度 H，内环宽度 l，内环圆锥面半倾角 β，内环外表面 DE 宽度为 d。

由图4－4中的几何关系，可计算出内环尺寸为：

$$d_D = d_C + (l - d)\tan\beta$$

$$d_E = d_D$$

$$d_F = d_C$$

内环与外环接触面最小间隙时，内环尺寸为：

$$d_{Cmin} = d_C + 0.062$$

$$d_{Dmin} = d_D + 0.062$$

$$d_{Emin} = d_E + 0.062$$

$$d_{Fmin} = d_F + 0.062$$

内环与外环接触面最大间隙时，内环尺寸为：

$$d_{Cmax} = d_C - 0.062$$

$$d_{Dmax} = d_D - 0.062$$

$$d_{Emax} = d_E - 0.062$$

$$d_{Fmax} = d_F - 0.062$$

由设计的过盈量可计算出外环尺寸为：

$$d_A = d_C - \delta_{31} - 2e\tan\beta$$

$$d_B = d_A + (H - d)\tan\beta$$

$$d_G = d_B$$

$$d_H = d_A$$

内环与外环接触面最小间隙时，外环尺寸为：

$$d_{Amin} = d_A - 0.062$$

$$d_{Bmin} = d_B - 0.062$$

$$d_{Gmin} = d_G - 0.062$$

$$d_{Hmin} = d_H - 0.062$$

内环与外环接触面最小间隙时，外环尺寸为：

$$d_{Amax} = d_A + 0.062$$

$$d_{Bmax} = d_B + 0.062$$

$$d_{Gmax} = d_G + 0.062$$

$$d_{Hmax} = d_H + 0.062$$

4.4 螺栓拧紧力矩计算

不同的锁紧盘结构类型，螺栓拧紧力矩计算方法也不同。以下分别给出了单圆锥面与双圆锥面锁紧盘的拧紧力矩计算。

4.4.1 单圆锥面锁紧盘的拧紧力矩计算

锁紧盘装配时，通过拧紧螺栓使内环与外环形成过盈配合。内环与外环接触面分为长圆锥面和短圆锥面，内环长圆锥面径向方向接触压力为 p_{3l}、短圆锥面径向方向接触压力为 p_{3s}。

由图 4-1 可知长圆锥面正压力为：

$$W_{3l} = \frac{p_{3l}\pi d_{3l} l_{3l}}{\cos\beta} \tag{4-34}$$

短圆锥面正压力为：

$$W_{3s} = \frac{p_{3s}\pi d_{3s} l_{3s}}{\cos\beta} \tag{4-35}$$

由受力平衡可知，在水平方向上：

$$F_a = (W_{3s} + W_{3l})\sin\beta + (f_{3l} + f_{3s})\cos\beta \tag{4-36}$$

又知：

$$f_{3l} + f_{3s} = \mu_3 (W_{3l} + W_{3s}) \tag{4-37}$$

式中 μ_3——内环与外环接触面的摩擦系数。

将（4-37）代入（4-36）可得：

$$F_a = (W_{3s} + W_{3l})(\sin\beta + \mu_3 \cos\beta) \tag{4-38}$$

单个螺栓拧紧力矩为：

$$M_0 = \frac{F_a k d}{n \times 10^3} \tag{4-39}$$

式中 k——螺栓拧紧系数；

d——螺栓直径；

n——螺栓数量。

将式（4－38）代入式（4－39）可得：

$$M_0 = \frac{(W_{3s} + W_{3l})(\sin\beta + \mu_3 \cos\beta) kd}{n \times 10^3} \tag{4-40}$$

4.4.2　双圆锥面锁紧盘的拧紧力矩计算

双圆锥面锁紧盘外环受力分析如图4－5所示。

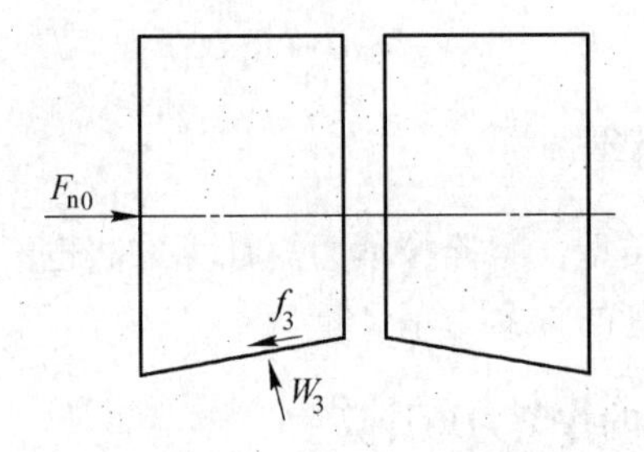

图4－5　双圆锥面锁紧盘外环受力分析

由图4－5可知长圆锥面正压力为：

$$W_3 = \frac{p_3 \pi d_{3l} l_{3l}}{2\cos\beta} \tag{4-41}$$

由受力平衡可知，在水平方向上：

$$F_{n0} = W_3 \sin\beta + f_3 \cos\beta \tag{4-42}$$

摩擦力f_3为：

$$f_3 = \mu_3 W_3 \tag{4-43}$$

由式（4－42）与式（4－43）可以得出：

$$F_{n0} = W_3(\sin\beta + \mu\cos\beta) \tag{4-44}$$

锁紧盘总的轴向力为：

$$F_n = 2F_{n0} \tag{4-45}$$

单个螺栓拧紧力矩为：

$$M_0 = \frac{F_n kd}{n \times 10^3} \tag{4-46}$$

式中　k——螺栓拧紧系数；

d——螺栓直径；

n——螺栓数量。

将式（4－44）与式（4－45）代入式（4－46）可得：

$$M_0 = \frac{W_3(\sin\beta + \mu\cos\beta) kd}{n \times 10^3} \tag{4-47}$$

4.5 校核计算

校核计算包含两方面：(1) 在各接触面最小间隙条件下，通过已知过盈量，计算在最大接触压力时接触面是否会产生塑性变形；在最大间隙下，验证接触压力能否传递额定扭矩。(2) 校核各组件在最大接触压力时的强度。

4.5.1 接触压力校核

接触压力校核方法是已知外环与内环接触面的过盈量，由外到内计算各接触面的接触压力，取外环与内环接触面的最大过盈量，各接触面取最小间隙由外向内进行计算，验证各接触面在最大接触压力时是否会产生塑性变形。本校核算法采用位移边界条件法，通过过盈量可依次解得长圆锥面的接触压力 p_{2lmin}、p_{3lmin} 与 p_{1lmin} 和短圆锥面的接触压力 p_{2smin}、p_{3smin} 和 p_{1smin}。其详细步骤如下[28]。

(1) 长圆锥接触面。

内环与外环长圆锥面接触压力为：

$$p_{2lmin} = \frac{R_{2min} - \frac{DR_{1min}}{A-B} - \frac{G\delta_{3lmin}}{J+I}}{\frac{GH}{J+I} - \frac{DC}{A-B} - (E+F)} \tag{4-48}$$

式中 R_{1min}——主轴与轴套接触面的最小间隙；

R_{2min}——轴套与内环接触面的最小间隙；

δ_{3lmin}——长圆锥面的过盈量。

轴套与内环接触面接触压力为：

$$p_{3lmin} = \frac{\delta_{3lmin} + Hp_{2lmin}}{J+I} \tag{4-49}$$

主轴与轴套接触面接触压力为：

$$p_{1lmin} = \frac{R_{1min} - Cp_{2lmin}}{A-B} \tag{4-50}$$

(2) 短圆锥接触面。由于考虑内环尺寸变化（由长圆锥面尺寸改为短圆锥面尺寸），将已知条件重新代入解得 p_{2smin}、p_{3smin}、p_{1smin}。

内环与外环短圆锥面过盈量为：

$$\delta_{3smin} = dH - dF \tag{4-51}$$

内环与外环短圆锥面接触压力为：

$$p_{2smin} = \frac{R_{2min} - \frac{DR_{1min}}{A-B} - \frac{G\delta_{3smin}}{J+I}}{\frac{GH}{J+I} - \frac{DC}{A-B} - (E+F)} \tag{4-52}$$

轴套与内环接触面接触压力为：

$$p_{3smin}=\frac{\delta_{3smin}+Hp_{2smin}}{J+I} \tag{4-53}$$

主轴与轴套接触面接触压力为：

$$p_{1smin}=\frac{R_{1min}-Cp_{2smin}}{A-B} \tag{4-54}$$

在p_{3lmin}与p_{3smin}中选取最大接触压力p与许用接触压力进行比较，若前者较小，则理论计算模型可以用于锁紧盘的设计计算；反之，则不能满足要求。同理，此方法适用于其他两个接触面的校核。

关于最大间隙下的校核方法是：在外环与内环接触面取最小过盈量，各接触面取最小间隙也由外向内进行计算。按照上述步骤可以分别求得在最大间隙下的主轴与轴套接触面的接触压力p_{1lmax}与p_{1smax}，选取较小的接触压力p，然后由式（4-55）可以求出所传递的扭矩M：

$$M=\frac{\mu_1\pi d_1^2 l_1 p_1}{2} \tag{4-55}$$

将所传递的扭矩M与额定扭矩进行比较，若前者较大，则理论计算模型可以用于锁紧盘的设计计算；反之，则不能满足要求。

4.5.2　强度校核

根据第四强度理论（Misses 屈服条件）可知[9]：

$$\begin{aligned}\sigma_i&=\sqrt{\frac{1}{2}[(\sigma_1-\sigma_2)^2+(\sigma_2-\sigma_3)^2+(\sigma_3-\sigma_1)^2]}\\&=\sqrt{\frac{1}{2}[\sigma_\varphi^2+\sigma_\rho^2+(\sigma_\rho-\sigma_\varphi)^2]}\\&=\frac{\sqrt{(a^2p_1-b^2p_2)^2+\dfrac{3a^4b^4(p_2-p_1)^2}{\rho^4}}}{b^2-a^2}\end{aligned} \tag{4-56}$$

由第3章推导可知，对于一个受压厚壁圆筒，最大应力发生在内表面，所以校核部件是否发生塑性变形只需计算其内表面上的最大应力，并且采用最小间隙进行计算；另外，轴与轴套除了承受内压和外压外，还承受扭转切应力，计算时应予以考虑。

因此当ρ为内径时，σ_i达到极大值，式（4-56）可化简为：

$$\sigma_i=\frac{\sqrt{(a^2p_1-b^2p_2)^2+3b^4(p_2-p_1)^2}}{b^2-a^2} \tag{4-57}$$

（1）校核外环。外环圆锥面所受外压为零、内压为p_{3min}，代入式（4-57）

则外环最大应力为：

$$\sigma_{4s}=\frac{\sqrt{d_3^4p_{3\min}^2+3d_4^4p_{3\min}^2}}{d_4^2-d_3^2} \tag{4-58}$$

（2）校核内环。内环所受外压为 $p_{3\min}$、内压为 $p_{2\min}$，代入式（4－57）则内环最大应力为：

$$\sigma_{3s}=\frac{\sqrt{(d_2^2p_{2\min}-d_3^2p_{3\min})^2+3d_3^4(p_{3\min}-p_{2\min})^2}}{d_3^2-d_2^2} \tag{4-59}$$

（3）校核轴套。轴套所受外压为 $p_{2\min}$、内压为 $p_{1\min}$，代入式（4－57）则轴套最大应力为：

$$\sigma_2=\frac{\sqrt{(d_1^2p_{1\min}-d_2^2p_{2\min})^2+3d_2^4(p_{2\min}-p_{1\min})^2}}{d_2^2-d_1^2} \tag{4-60}$$

扭转切应力的计算公式为：

$$\tau_2=\frac{M}{W_2} \tag{4-61}$$

其中：

$$W_2=\frac{\pi d_2^3}{16}\left[1-\left(\frac{d_1}{d_2}\right)^4\right] \tag{4-62}$$

轴套最大等效应力为：

$$\sigma_{2s}=\sqrt{\sigma_2^2+3\tau_2^2} \tag{4-63}$$

将式（4－67）~式（4－69）代入式（4－70），可以求得轴套的最大等效应力。

（4）校核主轴。主轴所受外压为 $p_{1\min}$、内压为零，代入式（4－57），则主轴所受最大压应力为：

$$\sigma_1=\frac{\sqrt{d_1^4p_{1\min}^2+3d_1^4p_{1\min}^2}}{d_1^2-d_0^2}=\frac{2d_1^2p_{1\min}}{d_1^2-d_0^2} \tag{4-64}$$

$$\tau_1=\frac{T}{W_1} \tag{4-65}$$

其中：

$$W_2=\frac{\pi d_1^3}{16}\left[1-\left(\frac{d_0}{d_1}\right)^4\right] \tag{4-66}$$

主轴最大等效应力为：

$$\sigma_{1s}=\sqrt{\sigma_1^2+3\tau_1^2} \tag{4-67}$$

锁紧盘各组件的屈服条件为 $\sigma_i=\sigma_s$，即当各组件的应力 σ_i 大于屈服应力 σ_s 时，组件将发生屈服失效。

经过计算比对，按照本章所阐述的四种方法设计出来的锁紧盘都能满足最大间隙和最小间隙时的接触压力校核与强度校核。

4.6　锁紧盘设计流程

锁紧盘设计思路如下：首先根据设计要求的扭矩和已有的结构尺寸计算出锁紧盘所需过盈量，并考虑加工偏差对过盈量的影响，进而确定锁紧盘外环和内环的尺寸。然后对锁紧盘进行校核，一是校核当过盈量取最小值、各接触面取最大间隙，锁紧盘能否传递额定扭矩；二是校核当过盈量取最大值、各接触面取最小间隙，锁紧盘各组件是否发生塑性变形。锁紧盘设计流程如图 4 -6 所示。

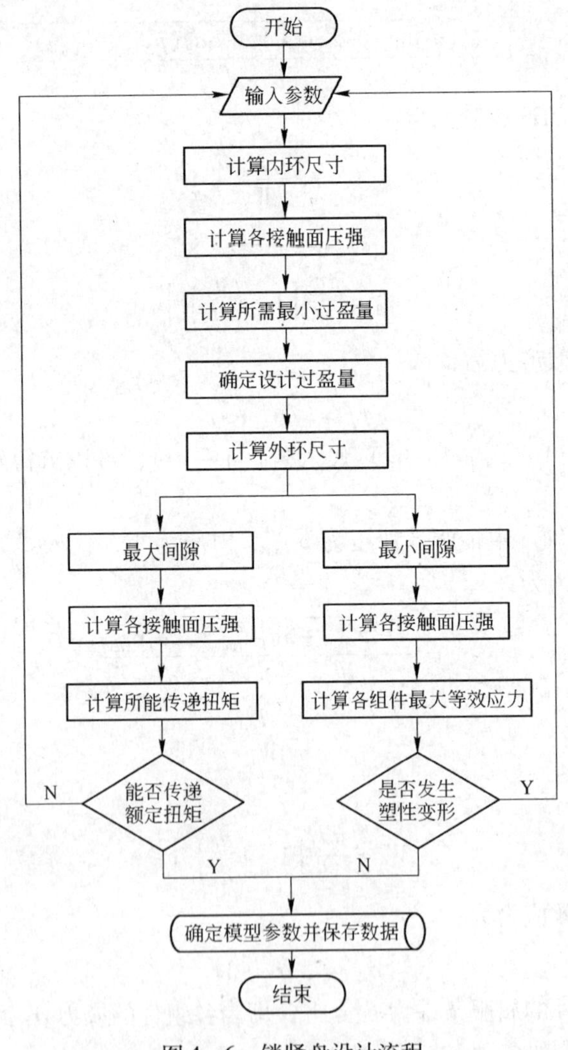

图 4 -6　锁紧盘设计流程

4.7 锁紧盘的应用说明

4.7.1 轴套的设计要求

轴套的设计要求如下：

（1）轴套外表面应有轴肩，内表面应有退刀槽，而且轴套与轴的配合长度 L' 为：

$$L' \leqslant (1 \sim 1.1)L \tag{4-68}$$

式中 L——锁紧盘内环长度。

（2）轴与轴套的配合与表面粗糙度应符合表 4-3 的规定。

表 4-3 轴与轴套的配合与表面粗糙度

轴径 d/mm	配 合	表面粗糙度 R_a/μm
≤80	H7/h6	≤3.2
>80	H7/g6	

（3）轴套的材料。可用屈服强度 $\sigma_{0.2} \geqslant 360$MPa 的钢、铸钢或球铁，若传递转矩且兼有弯矩，则材料需用可热处理的钢或高质量的铸钢。

4.7.2 锁紧盘的选定方法

锁紧盘的选定方法如下：

（1）以设计轴径（d_0）为依据，从标准系列中选定合适的规格，并校核传递最大转矩时是否满足工作需求。

（2）以需要传递的转矩为依据，选定合适的规格。在计算需要传递的转矩时，应考虑安全系数。

如果工作中既传递转矩又承受轴向力，则应计算合成转矩 M_t'，再由系列表中选定锁紧盘。M_t'的计算见 JB/ZQ4193（附表 1）。

（3）锁紧盘选定后，应对轴及轴套的尺寸进行核算。

4.7.3 锁紧盘的安装

锁紧盘的安装要点如下：

（1）操作者在安装前应熟知安装参数，并检查轴及轴套安装尺寸，确认符合标准时方可安装。

（2）拭去锁紧盘上的防腐油，并在锥形工作面和螺钉上涂润滑油（最好用二硫化钼润滑剂）。

（3）清洁轴和轴套内孔，进行脱脂处理。

（4）将锁紧盘装于轴套上，取任意 3 个锁紧螺钉形成一个等边三角形。将螺钉轻轻拧紧，直至内环仍可在轴套上转动。

（5）将轴装入轴套并让轴套可在轴上转动。

（6）使用扭力扳手拧紧锁紧螺钉。拧紧方法是按等边三角形顺序逐次拧紧，首次拧到额定转矩 M_A 的 1/4，然后逐次增加 1/4 转矩值拧紧，在拧紧过程中必须保持两个外环相互平行。

（7）按额定功率 M_A 重复拧紧，确保每个锁紧螺钉达到额定转矩 M_A。

4.7.4 锁紧盘的防护与拆卸

锁紧盘的防护与拆卸要点如下：

（1）安装后应对外露部分涂上防锈油脂。

（2）在恶劣作业环境或露天工作时，应定期涂防锈油脂，并在可能的情况下加装防护罩。

（3）逐渐拧松全部锁紧螺钉，每个循环各拧松 1/4 转。当外环不能脱开时，利用拆卸螺孔拧入相应螺钉，顶松外环。

（4）如轴套前的轴头发生锈蚀时，拆卸前必须除锈。

（5）拆后的锁紧盘仍按安装顺序重新安装好，并注意两外环与内环的相对位置，以防颠倒。

5 锁紧盘的参数化

本章基于第4章中锁紧盘设计计算的第四种方法，开发了参数化计算软件，能够快速确定锁紧盘内部尺寸，计算各个接触面压强和过盈量，以及验证能否满足主轴传递的负载和材料强度，从而节省人力和时间，提高了设计参数的合理性和效率，有助于实现产品的系列化与标准化。

5.1 程序设计开发方法

锁紧盘的初始内外环尺寸依据工人的实际工作经验确定，再对其进行反复验算校核。该方法优点是直观，可结合设计者的经验直接根据公式，设计合理的参数；缺点是仅凭设计者的知识和经验进行设计，不确定因素很大，容易造成损失。如果锁紧盘内外环尺寸发生改动，锁紧盘主轴传递负载的验证与材料强度校核也将相应地调整，此过程运算量比较大，会耗费大量的劳动力和设计时间，从而影响设计效率。

《锁紧盘参数化设计软件》采用Fortran与Visual Basic（VB）进行混合编程。Fortran语言拥有强大的数值计算功能与数学分析能力，故用其编写锁紧盘的设计计算源程序，但其操作繁复且可视化效果差。鉴于此，该软件利用VB调用Fortran已编译好的动态链接库进行混合编程。由VB设计输入、输出的可视化计算应用系统界面，通过调用Fortran编译好的动态链接库，计算出锁紧盘接触面间的压强与过盈量，并使用MDI窗体优化VB界面，保存数据到后台数据库，绑定数据表到VB界面，生成报表并打印，最终完成锁紧盘参数化计算[85]。

锁紧盘参数化设计程序实现的主要功能有：

（1）给定锁紧盘内环与外环相关基本参数，计算得出内环与外环尺寸的详细设计参数。

（2）给定锁紧盘设计的额定扭矩和相关尺寸参数，计算主轴与轴套、轴套与内环、内环与外环的接触面所需的最小过盈量与最小接触压力。

（3）在给定锁紧盘零部件材料性能以及相关尺寸参数时计算外环、内环、主轴与轴套在不产生塑性变形时，主轴与轴套、轴套与内环、内环与外环接触面所允许的最大过盈量和最大接触压力。

（4）当锁紧盘锁紧后，在给定的螺栓拧紧力矩作用下，计算锁紧盘内环与外环、轴套与内环、主轴与轴套接触面过盈量、接触压力以及主轴与轴套接触面所能传递的扭矩与轴向力。

(5) 给定相关参数，快速设计并计算出 $\phi530 \sim 800$ mm 内所有规格锁紧盘对应传递扭矩时各接触面的过盈量和接触压力。

(6) 通过比较某一参数变化时的计算结果，获得该参数对于内环与外环、轴套与内环、轴套与主传动轴的接触面过盈量、接触压力的影响作用，便于进行系列化设计计算。

5.1.1 程序内容

主程序分为三部分计算内容[86]：

(1) 优化设计模块。依据给定内环与外环相关参数，进行内环与外环尺寸的确定与计算，得出内环与外环配合的详细尺寸。具体输入参数有 B、RA、R5、lfl、lfs、Smax、S、Ss；输出参数有 RC、RE、RI、RG、RCmax、REmax、RImax、RGmax、RCmin、REmin、RImin、RGmin、H。各参数说明见 5.1.3 节。

(2) 按照轴套校核方式计算给定工况下各接触面过盈量和接触压力。

1) 轴与轴套接触面的计算模块。计算传递扭矩 M 时轴与轴套接触面所需最小接触压力与最小过盈量，以及轴与轴套传递载荷时不发生塑性变形所允许的最大接触压力与最大过盈量。

2) 轴套与内环接触面的计算模块。根据轴与轴套传递扭矩 M 时所需接触面最小接触压力求解出轴套与内环接触面所需最小接触压力与最小过盈量，以及轴套与内环传递载荷时不发生塑性变形所允许的最大接触压力和最大过盈量。

3) 内环与外环接触面的计算模块。由轴套与内环接触压力求解出内环与外环接触面最小接触压力与最小过盈量，以及内环与外环传递载荷时不发生塑性变形所允许的最大接触压力和最大过盈量。

(3) 当锁紧盘锁紧时，按照螺栓拧紧力计算各接触面是否满足所需的最小过盈量和接触压力。

1) 内环与外环接触面的计算模块。由螺栓拧紧力矩求解出所有螺栓产生的轴向力；求解出内环与外环短圆锥接触面和长圆锥接触面各自的接触压力，以及其以短圆锥面与长圆锥面接触压力之比；求解出长圆锥接触面过盈量。

2) 轴套与内环接触面的计算模块。由内环与外环长接触面的接触压力求出轴套与内环接触面过盈量与接触压力。

3) 轴与轴套接触面的计算模块。由轴套与内环的接触压力求解出轴与轴套接触压力、过盈量和所能传递的扭矩。

5.1.2 子程序内容

主程序包括六个子程序，其功能分别如下所述：

(1) 子程序1 (PAMOI) 功能。已知包容件与被包容件所需参数时，计算包容件与被包容件接触面传递载荷所需的最小过盈量和包容件与被包容件都不发生塑性变形所允许的最大过盈量和最大接触压力，用于求解内环与外环、轴套与内环、轴套与轴的接触面不发生塑性变形所允许的最大接触压力与最大过盈量。

(2) 子程序2 (CTCOTQAC) 功能。已知所需基本设计参数时，计算包容件与被包容件的 q_a、q_i、C_a、C_i、C，计算内环与外环长圆锥面、短圆锥面的平均直径比和系数 C。

(3) 子程序3 (CTP) 功能。已知两个厚壁组合圆筒相关参数时，计算厚壁圆筒在最大间隙和最小间隙下各个面的接触压力。在按照螺栓拧紧计算过程中，根据轴套与内环、轴套与轴之间不同的配合间隙，分别计算两接触面在最大间隙和最小间隙下轴套与内环接触面、轴套与轴接触面的接触压力和过盈量。

(4) 子程序4 (NQINT) 功能。对所给参数进行截断，如对于数 X = 123.4567，运行程序对其进行修改后 X = 123.45。其用于在确定内环长接触面尺寸时进行小数的处理。

(5) 子程序5 (WQINT) 功能。对所给参数进行进位，如对于数 X = 123.4321，运行程序对其进行修改后 X = 123.44。其用于在确定外环长接触面尺寸时进行小数的处理。

(6) 子程序6 (SIZE) 功能。其功能为给定内环与外环相关参数时进行内环与外环尺寸的确定与计算，得出内环与外环配合的具体尺寸。具体输入参数有 B、RA、R5、lf1、lfs、Smax、S、Ss；输出参数有 RC、RE、RI、RG、RCmax、REmax、RImax、RGmax、RCmin、REmin、RImin、RGmin、H。各参数说明详见符号表。

5.1.3 系列计算程序各参数定义

M——主轴所要求传递的额定扭矩；

Fa——主轴所要求传递的额定轴向力；

PM——主轴与轴套接触面传递额定扭矩时产生的接触压力；

PF——主轴与轴套接触面传递额定轴向力时产生的接触压力；

Pmin1——主轴同时传递额定扭矩和轴向力时所需最小接触压力；

u1——主轴与轴套接触面的摩擦系数；

D2——主轴的外径；

lf1——主轴与轴套的接触面长度，lf1 = 1.1 * lf2；

D1——主轴的内径；

D4——外套的外径；

lf2——轴套与内环的接触面长度；

v1、v2——分别为包容件（轴套、内环和外套）与被包容件（轴）的等效泊松比；

E1、E2——分别为包容件（轴套、内环和外套）与被包容件（轴）的等效弹性模量；

Q1、Q2——分别为包容件（轴套、内环和外套）与被包容件（轴）的等效屈服强度；

Pmin1、Smin1——分别为主轴与轴套接触面的最小接触压力和过盈量；

Pmax1、Smax1——分别为包容件与被包容件不发生塑变所允许的最大接触压力和过盈量；

Pmin21——轴套与内环在最小间隙下接触面的最小接触压力；

Pmin22——轴套与内环在最大间隙下接触面的最小接触压力；

X1——轴与轴套的接触面的最小间隙；

X2——轴与轴套的接触面的最大间隙；

E——轴套的弹性模量；

D3——轴套的外径；

v3、v4——分别为包容件（内环和外套）与被包容件（轴和轴套）的等效泊松比；

E3、E4——分别为包容件（内环和外套）与被包容件（轴和轴套）的等效弹性模量；

Q3、Q4——分别为包容件（内环和外套）与被包容件（轴和轴套）的等效屈服强度；

Pmin21、Smin21——分别为最小间隙下轴套与内环接触面的最小接触压力和过盈量；

Pmin22、Smin22——分别为最大间隙下轴套与内环接触面的最小接触压力和过盈量；

Pmax2、Smax2——分别为包容件与被包容件不发生塑变所允许的最大接触压力和过盈量。

1. 内环长接触面

Dml——内环长接触面的平均直径；

qal——长接触面的直径比；

v5、v6——分别为包容件（外套）与被包容件（轴、轴套和内环）的等效泊松比；

Cal——包容件（外套）系数；

Cil——被包容件（轴、轴套与内环）系数；

Cl——系数。

2. 内环短接触面

Dms——内环短接触面的平均直径；

qas——短接触面的直径比；

v5、v6——分别为包容件与被包容件的等效泊松比；

Cas——包容件（外套）系数；

Cis——被包容件（轴、轴套与内环）系数；

Cs——系数。

3. 内环与外套接触面尺寸的确定

RA——外套长接触面最低点 A 的半径；

R5——螺栓的中心距；

lfl——内环长接触面的长度；

lfs——内环短接触面的长度；

L——内环与外套最低点重合的长度；

Smax——内环的最大推进行程；

Slmin、Slmax——分别为内环长接触面的最小、最大空行程；

Ss——内环短接触面的空行程；

RCmin、RCmax——分别为内环点 C 最小、最大半径；

REmin、REmax——分别为内环点 E 最小、最大半径；

HC——内环长接触面下移的径向半径位移；

HB——外套长接触面上移的径向半径位移；

H——内环推进过程中内环与外套总的宽度。

4. 内环与外套接触面的接触压力与过盈量计算

Sl——内环长接触面的空行程；

Ss——内环短接触面的空行程；

Dl——内环与外套长接触面的最大相对直径变化量；

Ds——内环与外套短接触面的最大相对直径变化量；

PB——短接触面与长接触面接触压力之比 Ps/Pl；

WB——短接触面与长接触面接触压力之比 Ws/Wl；

F1、F2——分别为轴与轴套最小、最大间隙时所需螺栓轴向力；

u2——内环与外套圆锥接触面的摩擦系数；

E5、E6——分别为包容件与被包容件的等效弹性模量；

Q5、Q6——分别为包容件与被包容件的等效屈服强度；

Pmin31、Smin31——分别为最小间隙时内环与外套长接触面的最小接触压力和过盈量；

Pmin32、Smin32——分别为最大间隙时内环与外套长接触面的最小接触压力和过盈量；

Pmax3、Smax3——分别为包容件与被包容件不发生塑变长接触面所允许的最大接触压力和过盈量；

Lmax1——材料不发生塑性变形所允许内环的最大推进行程；

F——单个螺栓由拧紧力矩转化的轴向力；

MB——单个螺栓的拧紧力矩；

k——拧紧力系数；

Fx——n 个螺栓的由拧紧力矩转化的轴向力；

W——内环圆锥接触面的接触压力之和，W = Wl + Ws；

Wl、Ws——分别为内环长、短接触面的接触压力；

P3、S3——分别为内环长接触面的接触压力和过盈量；

Lmax2——内环的实际推进行程；

j——内环圆锥接触面的摩擦角；

P——内环接触面的接触压力分解到径向的接触压力；

Dm5——简化考虑内环圆锥接触面的平均直径；

k1min、k1max——分别为轴与轴套接触面的最小间隙和最大间隙；

k2min、k2max——分别为轴套与内环接触面的最小间隙和最大间隙；

P21、P22、P23、P24——分别为轴套与内环分别在不同间隙时接触面的接触压力；

P11、P12、P13、P14——分别为轴与轴套分别在不同间隙时接触面的接触压力；

P2min、P2max——分别为轴套与内环接触面间最小、最大接触压力；

S2min、S2max——分别为轴套与内环接触面间最小、最大过盈量；

P1min、P1max——分别为轴与轴套接触面间最小、最大接触压力；

S1min、S1max——分别为轴套与内环接触面间最小、最大过盈量；

Mmin、Mmax——分别为主轴所能够传递的最小、最大扭矩；

Fmin、Fmax——分别为主轴所能够传递的最小、最大轴向力。

5.1.4 系列计算程序变量输入与输出

（1）程序输入变量。

n，D1，D2，D3，D4，DA，D5，lf1，lf4，M，Q1，Q2，Q3，Q4，D，ML，U1，Smax，S，S4。

（2）程序输出变量。

1）按照轴套校核方式：

轴与轴套：P_{1min1}、P_{1smax}、S_{1min1}、S_{1smax}；

轴套与内环：P_{2min1}、P_{2min2}、P_{2smax}、S_{2min1}、S_{2min2}、S_{2smax}；

内环与外环：P_{3min1}、P_{3min2}、P_{3smax}、S_{3min1}、S_{3min2}、S_{3smax}。

2）按螺栓拧紧计算：

内环与外环：P_f、S_1；

轴套与内环：P_{2min}、P_{2max}、S_{2min}、S_{2max}；

轴与轴套：P_{1min}、P_{1max}、S_{1min}、S_{1max}。

5.1.5 程序计算中尺寸的设定

（1）输入已知的参数 n，D1，D2，D3，D4，DA，D5，lf1，lf4，M，Q1，Q2，Q3，Q4，D，ML，U1，Smax，S，S4。

内环与外环装配关系示意图如图 5-1 所示。

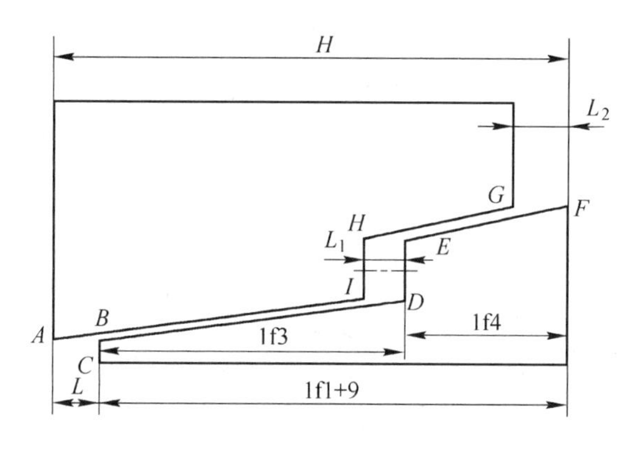

图 5-1 内环与外环装配关系示意图

（2）不考虑公差时外环、内环的原始尺寸[87]。

对于 640 模型（图 5-2），L = 24，L_1 = 23，L_2 = 22，程序采用该尺寸可以确定其他模型，假设 S_{max} 为最大推进行程，完全推进后内环短端与外环齐平，则 $L_2 = S_{max}$、$L_1 = S_{max+1}$、$L = S_{max+2}$。

QH = lf1 + (1 + 8) + L

RA = dA/2

R5 = d5/2

RB = RA + L * TANB

RC1 = RA + L * TANB

RD = RC1 + LF3 * TANB

RE = 2 * R5 - RD

RF = RE + LF4 * TANB

RI1 = RA + (H - Smax - lf4 - 1) * TANB

RH = RI1 + (RE - RD)

RG = RH + (LF4 + 1) * TANB

以上式子中 B = 3°。

(3) 考虑公差时的外环、内环的尺寸。内环与外环接触面示意图如图 5-2 所示。内环与外环接触面移动示意图如图 5-3 所示。

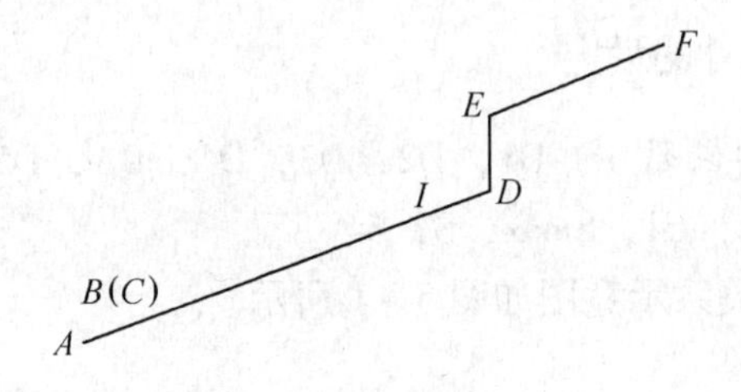

图 5-2　内环与外环接触面示意图

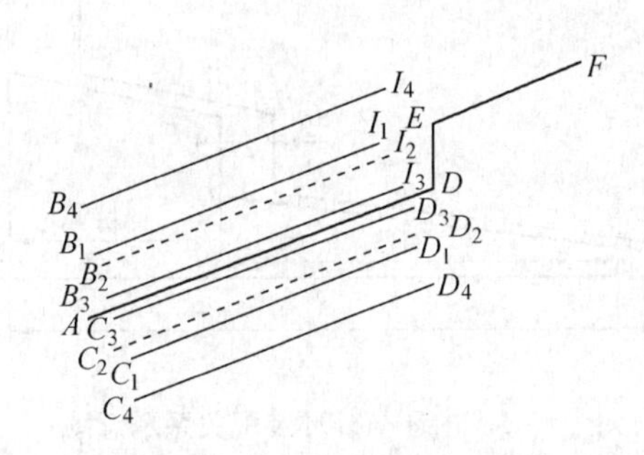

图 5-3　内环与外环接触面移动示意图

1）首先 A、B、C、D、I 在一条直线上，同时 B、C 点重合。A、B、I 是外环圆锥面上的点，C、D 是内环圆锥面上的点。

$$RB = RC = RA + L\tan 3°$$

2）按照公差将图 5-2 中直线 AI 向上移动 0.031mm，将直线 CD 向下移动 0.031mm，分别得到图 5-3 中的两条虚线 B_2I_2、C_2D_2。

3）对 I_2 采用 WQINT 函数保留两位小数得到 I_1（如 365.1921 变成 365.20），令 $BH = RI_1 - RI_2$，对 C_2 采用 NQINT 函数保留两位小数得到 C_1（如 356.5952 变成 356.59），令 $CH = RC_2 - RC_1$。

4）B_1I_1 向上移动 0.031mm 得到外环最大间隙的边界 B_4I_4，向下移动 0.031mm 得到外环最小间隙下的边界 B_3I_3。C_1D_1 向上移动 0.031mm 得到外环最

小间隙的边界 C_3D_3，向下移动 0.031mm 得到外环最大间隙下的边界 C_4D_4。

（4）计算过程。

1）内环长端 C 点尺寸的确定：

RC = RA + L * TANB

RC2 = RC - 0.031

RC1 = CALL NQINT(RC2)

CH = RC2 - RC1

内环长端 C 点的加工尺寸为 RC1(+0.031， -0.031)

2）内环短端 E 点尺寸的确定：

RE = RE - S4 * TANB

RE = RE - 0.031

RE = CALL NQINT(RE)

内环短端 E 点的加工尺寸为 RE(+0.031， -0.031)

3）外环长端 I 点尺寸的确定：

RI2 = RI + 0.031

RI1 = CALL WQINT(RI2)

BH = RI1 - RI2

外环长端 I 点的加工尺寸为 RI(+0.031， -0.031)

4）外环短端 G 点尺寸的确定：

RG = RG + 0.031

CALL WQINT(RG)

外环短端 G 点的加工尺寸为 RG(+0.031， -0.031)

5）最小间隙尺寸：

RCMIN = RC1 + 0.031

REMIN = RE + 0.031

RIMIN = RI - 0.031

S3MIN = (CH + BH)/TANB

6）外环长端 I 点的尺寸 RIMIN：

RIMIN = RI - 0.031

7）外环长端 G 点的尺寸 RGMIN

RGMIN = RG - 0.031

8）最大间隙尺寸

RCMAX = RC1 - 0.031

REMAX = RE - 0.031

RIMAX = RI1 + 0.031

S3MAX = (BH + CH + 0.062)/TANB

RGMAX = RG + 0.031

5.1.6　程序使用说明

程序使用说明如下：

(1) 利用 Fortran Powerstation 将程序源代码编译生成 DLL 格式的计算程序，源程序分为按照最大间隙计算程序与按照最小间隙计算程序（此处最大间隙、最小间隙指内环与外环的间隙），也可集成为综合计算程序。相应的程序源代码见附录3。

(2) 将最大间隙计算程序与文档放在一个文件夹下，双击运行最大间隙运算程序，运行后程序会将内环与外环尺寸及计算结果写入"锁紧盘编程计算"文档并自动关闭。打开"锁紧盘编程计算"文档查看计算结果。校核螺栓拧紧力是否能够保证轴与轴套所需传递的额定扭矩。若不能满足要求，调整相关参数重新进行计算，直至满足工况要求，则保存计算结果，进行下一步求解。

(3) 将上一步所得的相关尺寸存储在最新文档"锁紧盘编程计算"（也可用上一步计算所得的文档），将最小间隙计算程序与该文档放在一个文件夹下，双击运行最小间隙运算程序，运行后程序会将内环与外环尺寸及计算结果写入"锁紧盘编程计算"文档并自动关闭。打开"锁紧盘编程计算"文档查看计算结果，检查由螺栓拧紧力产生的各接触面正压力能否保证各接触面不发生塑性变形。若不能满足要求，调整相关参数重新进行计算；若满足要求，则保存计算结果。

(4) 经过上述步骤得到满足工况要求的锁紧盘尺寸，使得锁紧盘在锁紧后既能传递额定扭矩，又能保证各接触面不发生塑性变形。

锁紧盘各组件参数设计、过盈量和接触压力计算流程如图 5－4 所示。

5.2　锁紧盘参数化数据库

锁紧盘数据库中包含输入参数数据库和输出结果数据库。Visual Basic 中可用的数据访问接口有三种：ActiveX 数据对象（ActiveX Data Objects，ADO）、远程数据对象（RDO）和数据访问对象（DAO）[88]，如图 5－5 所示。三种接口分别代表了数据访问技术的不同发展阶段。ADO 比 RDO 和 DAO 更加简单实用，锁紧盘数据库使用 ADO 作为数据访问接口。

锁紧盘数据库的建立，使用 ADODC 创建浏览界面，后台数据库使用 ACCESS 2010"输出数据"Output Data. mdb。

程序运行时数据库显示如图 5－6 所示。

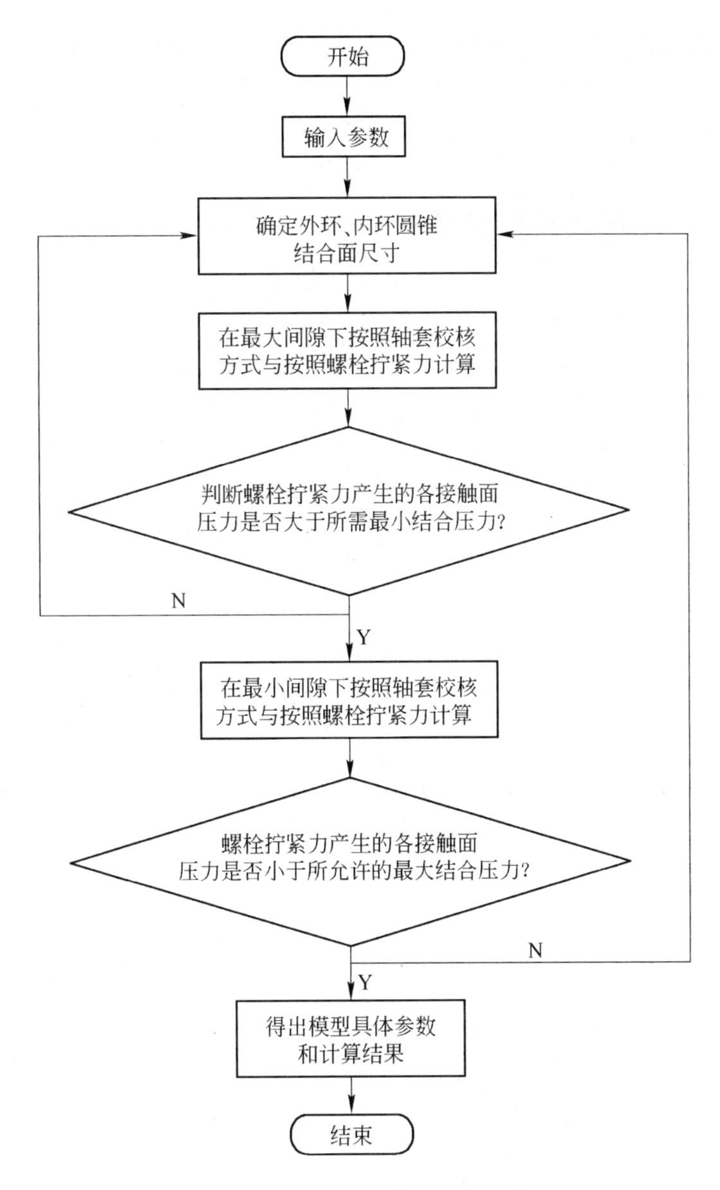

图5-4 锁紧盘各组件参数设计、过盈量和接触压力计算流程

5.3 参数化应用系统的实现

5.3.1 动态链接库

动态链接库（Dynamic Link Library，DLL）是一种在运行时连接的可执行代

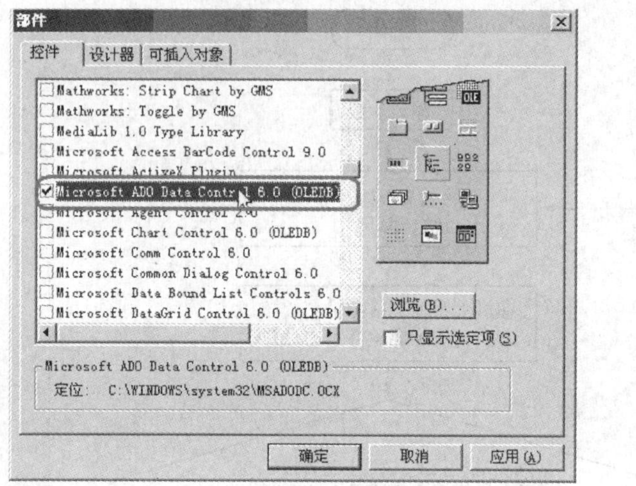

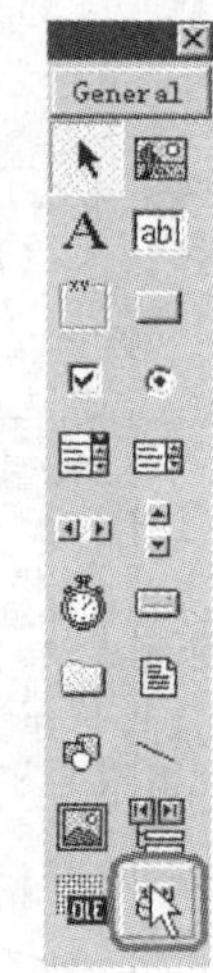

图 5－5　添加 ADO 控件

输入参数数据库

型号	M	Fa	D1	D2	Q1	D3	Lf2	Q2	DA
HSD590-22-500	2970	0	50	500	510	590	228	420	598
HSD620-22-500	2904	0	70	500	510	620	254	420	630
HSD620-22-520	3169	0	70	520	510	620	254	420	630
HSD620-22-540	3447	0	70	540	510	620	254	420	630
HSD640-22-520*	2800	0	70	520	510	640	254	420	652.52
HSD660-22-530	3329	0	70	530	510	660	260	420	670

Adodc1

输出结果数据库

型号	Pmin1	Smin1	Pmax1	Smax1	P1min	S1min
HSD530-22-430	189.1721	1.008027	207.1606	1.103881	193.2745	1.029887
HSD530-22-460	192.1102	1.140557	207.5189	1.232039	195.6425	1.161529
HSD560-22-450	187.6766	1.05352	207.4074	1.164278	191.7847	1.076581
HSD560-22-460	188.5129	1.09579	207.5189	1.206268	192.5307	1.119144
HSD560-22-480	190.3573	1.186694	207.7214	1.294942	193.9044	1.208807
HSD590-22-470	198.7414	1.180241	207.6234	1.232987	203.946	1.211149
HSD590-22-480	199.5119	1.226078	207.7214	1.276528	204.6006	1.25735

Adodc2

图 5－6　程序运行时数据库显示

码和数据模块，是 Microsoft Windows 系列操作系统的重要组成部分，是一种特殊的且现在广为应用的函数库。使用普通的函数库时，可以在程序链接时将库中的代码拷贝到可执行文件中。在多个同样的程序执行时，系统保留了许多重复的代码副本，造成了内存资源的浪费[89]。

使用 DLL 建立应用程序的可执行文件时，不必将 DLL 链接到程序中，而是在应用程序运行时动态地装载 DLL。装载时 DLL 将被映射到进程的地址空间。DLL 动态链接并不是将库代码拷贝，只是在程序中记录了函数入口点和接口。不管多少程序使用 DLL，内存中只有该 DLL 的一个副本。当没有程序使用它时，系统将它移出内存，减少了对内存和磁盘的要求。DLL 明显节省系统资源，同时还有其他特点，因此被广泛使用。

5.3.2 参数传递原则

参数传递方式主要有四种，即传值（call by value）、传址（call by reference）、传名（call by name）、传结果（call by result），前两种经常使用。传值是将参数值压入堆栈，后者将参数地址压入堆栈。如果在例程中改变了参数，当调用执行完毕、控制返回到调用程序时，传递参数仍保持调用前的值，而引用传递参数则取改变后的值。Fortran 与 VB 之间常用的是传址方式。在混合语言间进行参数传递时，应考虑 Fortran 语言与 VB 语言参数类型的对应。

5.3.3 Fortran 动态链接库的创建

动态链接库是可被其他程序或 DLL 调用的函数集合组成的可执行文件模块。Fortran Power Station 为建立动态链接库提供了全面的支持。建立动态链接库包括如何生成动态链接库，如何输出动态链接库中的变量或过程，以供其他程序使用以及如何使其他程序使用动态链接库[90]。

创建用于 VB 应用程序的 Fortran 动态链接库的方法与步骤如下：

（1）在 Microsoft Fortran Station6.0 环境下，新建一个工程，其类型选为 Dynamic - Link Library 并命名，从而创建了工程类型为 Fortran 动态链接库的工程文件（.DSP）。

（2）编写 Fortran 源程序（.FOR）并加入到该工程。

（3）编译（Compile）、建造（Build）源程序，生成动态链接库文件（.DLL）。

5.3.4 VB 调用 DLL

（1）Fortran 动态链接库子程序或函数过程的声明。编写 Fortran 源程序时要声明输出的子程序或函数过程名、子程序或函数过程别名、接口参数名称与类型，以供 VB 应用程序调用。

存储在 Fortran 动态链接库中的子程序或函数过程需要在全局模块或表格级模块中声明，子程序或函数过程名与别名中不要用下划线字符。声明语句的形式如下：

若过程是子程序，则：Declare Sub <动态链接库子程序过程名> Lib 动态链

接库名[Alias“过程别名”][{<参数表>}

若过程是函数，则：Declare Function <动态链接库函数过程名> Lib 动态链接库名[Alias“过程别名”]<参数表>)][As 数据类型]

具体语法表达格式如下：

Subroutine subname(参数名)定义函数或子过程名

! MS $ ATTRIBUTES DLLEXPORT::子程序或函数过程名

! MS $ ATTRIBUTES ALIAS:“过程别名”::子程序或函数过程名

输入参数类型,INTENT(IN)::输入参数表

输出参数类型,INTENT(OUT)::输出参数表

VB 中参数的传递方式有值方式（By Value）和引用方式（By Reference)。若按值方式传递，则在参数前加上“ByVal”关键字；若按引用方式传递，则无需加此关键字。调用 Fortran 动态链接库时，注意 VB 应用程序中的参数类型与 Fortran 动态链接库被调用子程序或函数过程的参数类型保持一致。

(2) Fortran 动态链接库子程序或函数过程的调用。在全局模块或表格级模块中声明 Fortran 动态链接库中子程序或函数过程以后，VB 应用程序就可随意调用库中任意子程序或函数过程。

调用的主要步骤如下：

1）先定义被调用子程序或函数过程参数的类型；

2）给子程序或函数过程中的输入参数赋值；

3）用 Call 语句调用，调用格式如下：

Call 子程序或函数过程名（实参，……）

其中无参数时，省略括号。

5.3.5 程序示例

为了全面说明创建 Fortran 动态链接库及 VB 应用程序调用 Fortran 动态链接库的方法与步骤，下面给出了一个简单应用程序示例。

程序的功能是：VB 提供数据输入、输出及操作界面；Fortran 动态链接库子程序完成两个实数的求和。下面是示例程序及其创建过程。

(1) 在 Compaq Visual FORTRAN 环境下，创建类型为 Fortran 动态链接库的工程文件，命名为 Example. DSP。

(2) 建立命名为 Example. FOR 的 Fortran 源程序，并加到此工程。

Example. FOR 源程序：

```
Subroutine FortranDll(r1,r2,Add)
! DEC $ ATTRIBUTES DLLEXPORT::FortranDLL
! DEC $ ATTRIBUTES ALIAS:' FortranDLL'::FortranDLL
```

```
REAL,INTENT(IN)::r1,r2
REAL,INTENT(OUT)::Add
Add = r1 + r2
End Subroutine
```

（3）建立 Fortran 动态链接库文件 Example. DLL。

编写的程序代码如下：

Example. FRM 源程序：

```
Dim r1,r2 As Single
Dim Add As Single
Private Sub Command1_Click()
r1 = Val(Text1. Text)
r2 = Val(Text2. Text)
Call FortranDLL(r1,r2,Add)
Text3. Text = Str(Add)
End Sub
Private Sub Command2_Click()
End
End Sub
```

（4）编写程序代码，Example. BAS 源程序：Declare Sub FortranDLL Lib "Declare Sub FortranDLL Lib D:\Fortran. Example\Example. DLL"(r1 As Single,r2 As Single,Add As Single)

（5）生成 Example. EXE 文件。在 Windows 环境下运行 Example. EXE，输入实数 r1、r2 的值，单击“求和”按钮，可获得二数之和；单击“退出”按钮，结束程序运行。

5.4 应用程序

5.4.1 参数化计算操作步骤

锁紧盘参数化设计计算软件的设计过程包括下述步骤[91]：

（1）首先打开所述软件，在弹出的《欢迎进入锁紧盘参数化计算软件》界面上点击“开始”按钮，进入理论计算界面。

（2）输入计算需要的参数，包括主轴传递的扭矩、轴向力和内外径，内外环接触面摩擦系数，各种材料的屈服强度，螺栓的数量、规格和拧紧力矩等。

（3）理论计算各接触面压力和过盈量，按照轴套校核与受力分析方法，该方法主要是基于厚壁圆筒理论和拉梅公式，假设包容件与被包容件为完全弹性状态、符合小变形、线弹性本构方程、满足叠加原理的条件下，根据推理公式可求出主轴与轴套接触面压力与过盈量，再按照轴套校核公式计算出轴套与内环接触面压力与过盈量，最后对内环进行受力分析，计算出内环与外环接触面的压力与过盈量。

（4）锁紧盘装配时包容件与被包容件采用间隙配合，参数化计算时涉及最小间隙计算和最大间隙计算。最小间隙计算主要验证材料是否发生塑性变形，最大间隙计算主要验证主轴能否满足传递负载的要求。点击“锁紧盘参数化计算”界面上“最小间隙计算”和“最大间隙计算”两个按钮，通过调用按照理论计算方法的思路用 Fortran 编译好的动态链接库程序，各接触面压力和过盈量将显示在 VB 界面上。

（5）通过“锁紧盘参数化计算”界面输出结果，点击预览报表按钮或者数据库查询功能，对各接触面压力和过盈量进行核查。如果按照螺栓拧紧方法计算所得各接触面压力和过盈量介于按轴套校核与受力分析计算所得各接触面传递负载所需最小接触压力和材料所允许的最大压力之间，即在满足锁紧盘材料不发生塑性变形的前提下，主轴能够传递所要求的额定负载。如果计算结果不满足以上原则，则返回步骤（2），对输入的参数进行修改，直到计算结果合理才存入数据库中。

（6）通过点击数据库的相关操作按钮，可以实现对已存入数据库中的锁紧盘系列计算结果进行修改、删除、查询及添加等功能，同时也可查看锁紧盘的图纸和内部尺寸确定思路及计算尺寸的大小。

（7）点击“预览报表”，将保存输出结果。点击“结束”退出系统。

5.4.2 实施实例

实施实例采用 HSD640 - 22 - 540 锁紧盘，锁紧盘参数为：主轴传递额定扭矩为 2800kN · m，忽略轴向力，主传动轴内径 70mm、外径 520mm，屈服强度为 510MPa；轴套外径 640mm，主轴与轴套接触长度为 254mm，轴套屈服强度 420MPa；外环长端最低点直径 652. 52mm，外环外径 1020mm，内环短端长度 55mm，内环短端的空行程 4. 9mm，内环实际推进行程 22mm，内环最大推进行程 22mm，内外环接触面摩擦系数 0. 09，内环屈服强度 540MPa，外环屈服强度 610MPa；螺栓数量 28 个，直径 30mm，螺栓轴心距 730mm，拧紧力 1640N · m。

图 5 - 8 所示为一种锁紧盘参数化设计计算界面，在计算机上安装《锁紧盘参数化计算软件 . exe》的设计过程包括下述步骤：

（1）首先打开软件（锁紧盘参数化计算软件 . exe），出现图 5 - 7 所示的《欢迎进入锁紧盘参数化计算软件》界面，点击“开始”按钮，进入到图 5 - 8 所示的理论计算界面。

锁紧盘参数化计算软件

开始

图 5 - 7 锁紧盘参数化计算软件的欢迎界面

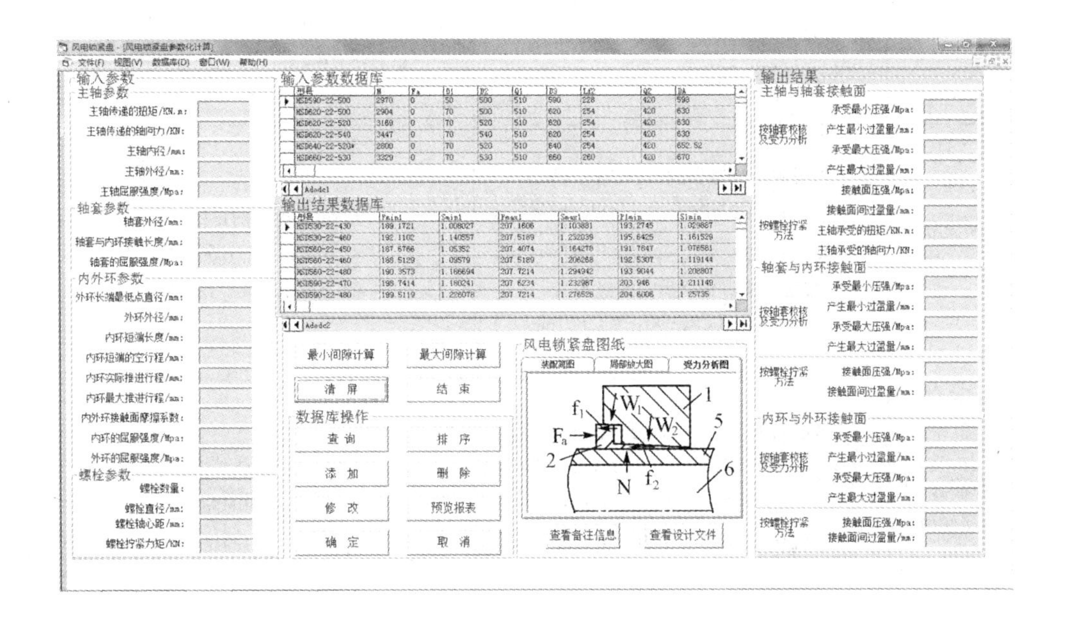

图 5 - 8 理论计算界面

(2) 根据图 5 - 8 理论计算界面中输入参数框架内的要求，在实施实例的已知条件中给出输入参数，这些数值可以根据具体情况改变，得到不同的计算结果。

（3）参照锁紧盘计算理论，锁紧盘装配时因包容件与被包容件之间采用间隙配合而存在间隙，参数化计算时涉及最小间隙计算和最大间隙计算。最小间隙计算主要验证材料是否发生塑性变形，最大间隙计算主要验证主轴能否满足传递负载的要求。点击图5－8“锁紧盘参数化计算”界面上“最小间隙计算”和“最大间隙计算”两个按钮，通过调用按照理论计算方法用Fortran编译好的动态链接库程序，各接触面压力和过盈量将显示在VB界面上。

（4）通过查看图5－8“锁紧盘参数化计算”界面上输出结果框架里的输出数据，或者点击“预览报表”按钮所生成的锁紧盘数据报表，或者点击“数据库查询”按钮所生成的图5－9所示的查询对话框，对各个接触面压力和过盈量进行核查，输出的数据结果见表5－1。

表5－1　锁紧盘参数化计算软件输出的数据结果

项　目	按轴套校核及受力分析	按螺栓1640kN · m拧紧计算
主轴与轴套接触面	传递载荷所需最小压强与过盈量： $p_{fmin}=157.37$MPa，$\delta_{min}=1.067$mm 接触面允许最大压力与过盈量： $p_{fmax}=177.48$MPa，$\delta_{max}=1.204$mm	传递负载产生的正压力： $p_f\in(161.04,\ 172.80)$MPa 过盈量：$\delta\in(1.092,\ 1.172)$mm
轴套与内环接触面	考虑间隙接触面的压强与过盈量： $p_{wmax}=165.37$MPa，$p_{wmin}=158.67$MPa $\delta_{wmin}=1.607$mm，$\delta_{wmax}=1.675$mm 接触面允许最大压力与过盈量： $p_{fmax}=184.33$MPa，$\delta_{max}=1.867$mm	传递负载产生的正压力： $p_f\in(166.62,\ 171.50)$MPa 过盈量：$\delta\in(1.686,\ 1.732)$mm
内环与外环接触面	考虑间隙接触面的压强与过盈量： $p_{min}=163.40$MPa，$p_{max}=170.30$MPa $\delta_{wmin}=1.813$mm，$\delta_{wmax}=1.890$mm 接触面允许最大压力与过盈量： $p_{fmax}=196.52$MPa，$\delta_{max}=2.181$mm	传递负载产生的正压力： $p_f=175.30$MPa 过盈量：$\delta=1.946$mm

（5）通过对表5－1的输出数据进行核查，发现按照螺栓拧紧方法计算所得各接触面压力和过盈量介于按轴套校核与受力分析计算所得各接触面传递负载所需最小接触压力和材料所允许的最大接触压力之间，即在满足锁紧盘材料不发生塑性变形的前提下，主轴能够传递所要求的额定负载。如果计算结果不满足以上

原则，则返回步骤（2），对输入参数进行修改，直到计算结果合理才存入数据库中。同时点击图 5－8 界面上的“图纸”按钮，可以随时查看如图 5－10 所示的锁紧盘图纸。

查询对话框

风电锁紧盘参数化计算软件结果查询

型号：HSD530-22-430

	轴与轴套接触面	轴套与内环接触面	内环与外环接触面
按轴套校核方式计算	传递负载所需最小压强：189.1721 所需最小过盈量：1.008027 材料允许最大压强：207.1606 允许最大过盈量：1.103881	最小间隙压强：190.7458 最小间隙过盈量：1.465709 最大间隙压强：198.9003 最大间隙过盈量：1.528369 材料允许最大压：202.1732 允许最大过盈量：1.553518	最小间隙压强：186.9056 最小间隙过盈量：1.547885 最大间隙压强：194.8959 最大间隙过盈量：1.614058 材料允许最大压强：218.9478 允许最大过盈量：1.813247
按螺栓拧紧方式计算	最大间隙压强：193.2745 最大间隙过盈量：1.029887 最小间隙压强：207.0811 最小间隙过盈量：1.103457	最大间隙压强：199.8155 最大间隙过盈量：1.535401 最小间隙压强：205.2399 最小间隙过盈量：1.577083	接触面压强：210.1796 接触面过盈量：1.740631

风电锁紧盘系列计算数据

图 5－9 输出结果查看界面

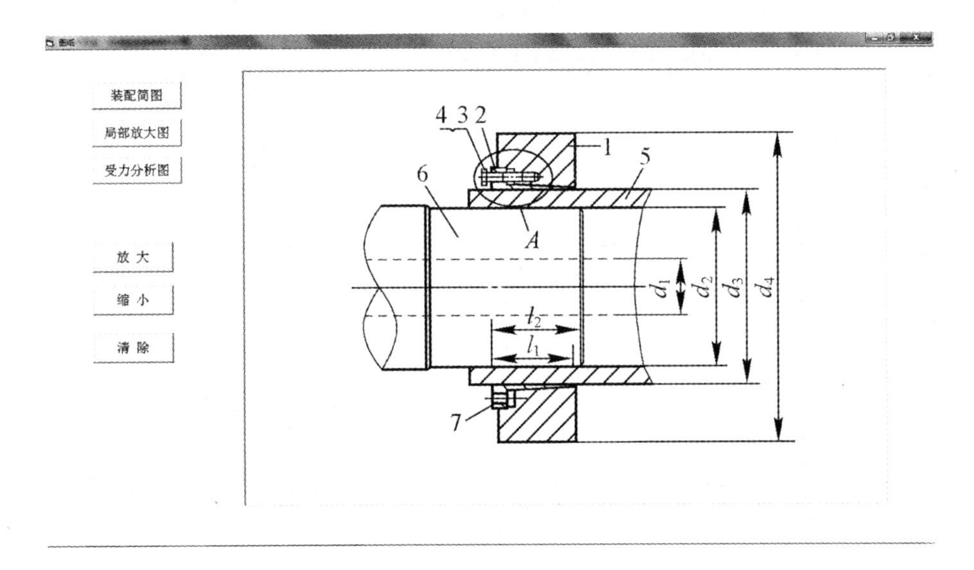

图 5－10 附图查看界面

（6）点击“预览报表”，将保存输出结果（图 5 – 11）。点击“结束”退出系统。

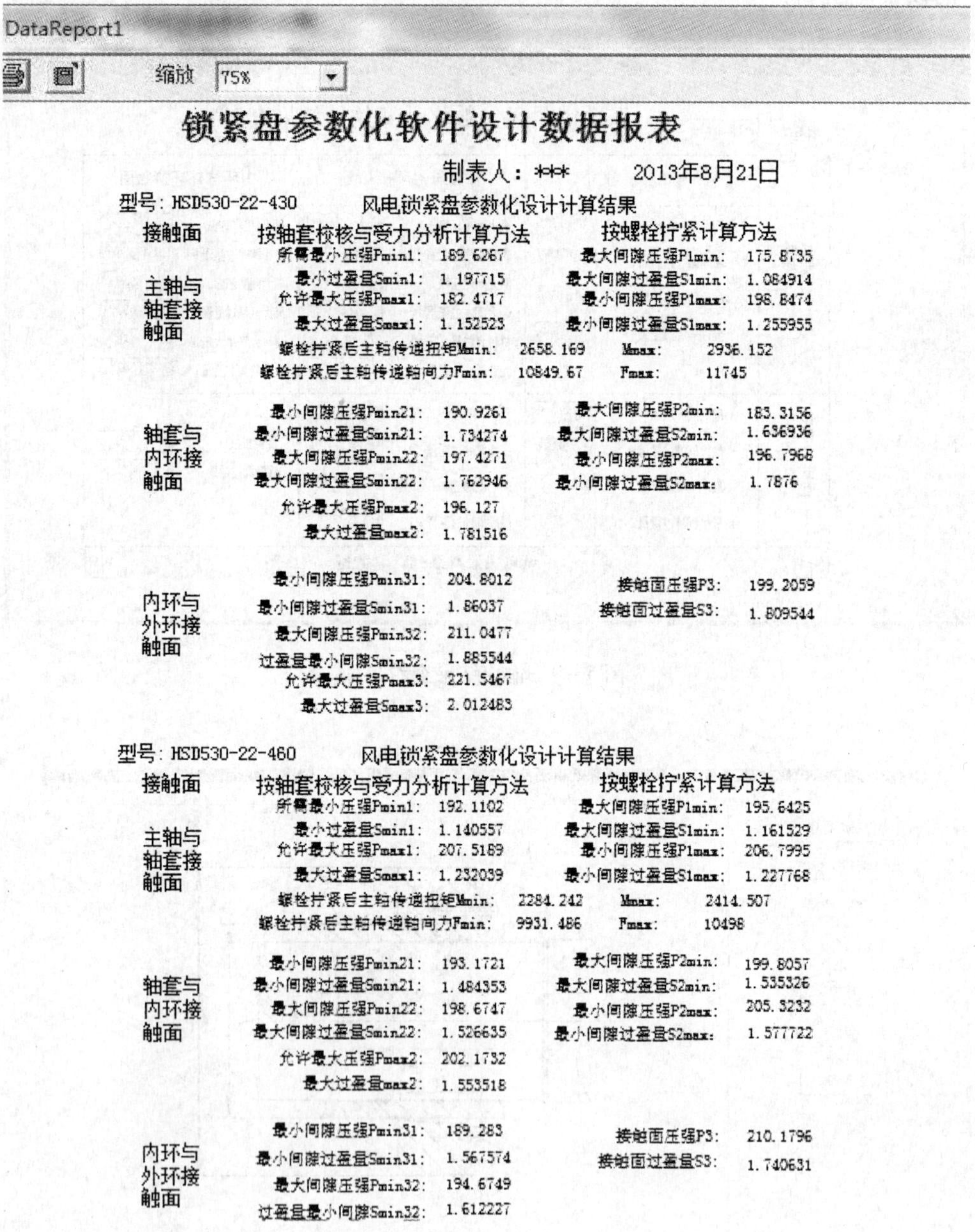

DataReport1

缩放 75%

锁紧盘参数化软件设计数据报表

制表人：***　　2013年8月21日

型号：HSD530-22-430　　风电锁紧盘参数化设计计算结果

接触面	按轴套校核与受力分析计算方法		按螺栓拧紧计算方法	
主轴与轴套接触面	所需最小压强Pmin1:	189.6267	最大间隙压强P1min:	175.8735
	最小过盈量Smin1:	1.197715	最大间隙过盈量S1min:	1.084914
	允许最大压强Pmax1:	182.4717	最小间隙压强P1max:	198.8474
	最大过盈量Smax1:	1.152523	最小间隙过盈量S1max:	1.255955
	螺栓拧紧后主轴传递扭矩Mmin:	2658.169	Mmax:	2936.152
	螺栓拧紧后主轴传递轴向力Fmin:	10849.67	Fmax:	11745
轴套与内环接触面	最小间隙压强Pmin21:	190.9261	最大间隙压强P2min:	183.3156
	最小间隙过盈量Smin21:	1.734274	最大间隙过盈量S2min:	1.636936
	最大间隙压强Pmin22:	197.4271	最小间隙压强P2max:	196.7968
	最大间隙过盈量Smin22:	1.762946	最小间隙过盈量S2max:	1.7876
	允许最大压强Pmax2:	196.127		
	最大过盈量max2:	1.781516		
内环与外环接触面	最小间隙压强Pmin31:	204.8012	接触面压强P3:	199.2059
	最小间隙过盈量Smin31:	1.86037	接触面过盈量S3:	1.809544
	最大间隙压强Pmin32:	211.0477		
	过盈量最小间隙Smin32:	1.885544		
	允许最大压强Pmax3:	221.5467		
	最大过盈量Smax3:	2.012483		

型号：HSD530-22-460　　风电锁紧盘参数化设计计算结果

接触面	按轴套校核与受力分析计算方法		按螺栓拧紧计算方法	
主轴与轴套接触面	所需最小压强Pmin1:	192.1102	最大间隙压强P1min:	195.6425
	最小过盈量Smin1:	1.140557	最大间隙过盈量S1min:	1.161529
	允许最大压强Pmax1:	207.5189	最小间隙压强P1max:	206.7995
	最大过盈量Smax1:	1.232039	最小间隙过盈量S1max:	1.227768
	螺栓拧紧后主轴传递扭矩Mmin:	2284.242	Mmax:	2414.507
	螺栓拧紧后主轴传递轴向力Fmin:	9931.486	Fmax:	10498
轴套与内环接触面	最小间隙压强Pmin21:	193.1721	最大间隙压强P2min:	199.8057
	最小间隙过盈量Smin21:	1.484353	最大间隙过盈量S2min:	1.535326
	最大间隙压强Pmin22:	198.6747	最小间隙压强P2max:	205.3232
	最大间隙过盈量Smin22:	1.526635	最小间隙过盈量S2max:	1.577722
	允许最大压强Pmax2:	202.1732		
	最大过盈量max2:	1.553518		
内环与外环接触面	最小间隙压强Pmin31:	189.283	接触面压强P3:	210.1796
	最小间隙过盈量Smin31:	1.567574	接触面过盈量S3:	1.740631
	最大间隙压强Pmin32:	194.6749		
	过盈量最小间隙Smin32:	1.612227		

图 5 – 11　预览报表

运用本软件能够克服参数化计算中不确定因素、计算量大、不易掌握和耗费大量劳动力和设计时间的缺点，能够快速确定锁紧盘内部尺寸，计算各个接触面压力和过盈量，以及验证能否满足主轴传递的负载和材料强度。从而节省人力和时间，提高了设计参数的合理性和效率。

6　锁紧盘的数值模拟

本章基于有限元的基本思想，利用有限元模拟软件 ABAQUS，分别对厚壁圆筒、过盈连接与锁紧盘三种结构进行模拟，提取了 Von Mises 应力、接触压力与承载扭矩结果参数，对比了运用锁紧盘设计理论计算方法得出的数值，验证了设计方法的准确性与可靠性。

6.1　有限元法简介

6.1.1　有限元基本思想

有限元法（finite element method）是在力学模型上将一个连续物体离散化为有限个一定大小的单元，这些单元仅在有限个节点上相连接，并在节点上引进等效力以代替实际作用于单元上的外力。根据分块近似的思想，每个单元选择一种简单的函数来表示其内部的位移分布规律，并按照弹性理论中的能量原理（或变分原理）建立单元节点和节点位移间的关系。最后，把所有单元的关系集合起来，得到一组以节点位移为未知量的代数方程组，求解出这些方程组就可以得到物体上有限个离散节点上的位移[92]。

6.1.2　ABAQUS 简介

ABAQUS 可以分析复杂的固体力学和结构力学系统，模拟非常复杂庞大的模型，处理高度非线性的问题，具有强大的分析能力和较高的模拟复杂系统的可靠性[93]。ABAQUS 使用简便，可以容易地建立复杂问题的模型。对于大多数的模拟，用户仅需提供结构的基本参数，如几何形状、材料特性、边界条件和载荷工况等工程参数，就可以得到较为准确的计算结果。在非线性分析中，ABAQUS 可以自动选择合适的载荷增量和收敛准则，并且在分析的过程中不断地调整参数值，以确保获得精确的解，用户只需定义少量参数就能控制问题的数值求解过程[2]。

ARAQUS 的主要分析功能有动态分析、静态应力/位移分析、非线性动态应力/位移分析、黏弹性/黏塑性响应分析、热传导分析、退火成形过程分析、质量扩散分析、准静态分析、耦合分析、海洋工程结构分析、疲劳分析、水下冲击分析、瞬态位移耦合分析、设计灵敏度分析等。ABAQUS 包含前后处理模块

ABAQUS/CAE 和两个主求解器模块 ABAQUS/Standard 与 ABAQUS/Explicit。同时，还提供了专用模块，如 ABAQUS/Aqua、ABAQUS/Design、ABAQUS/Foundation、MOLDFLOW 接口和 ADAMS 接口等。以下对部分模块进行简要介绍：

（1）ABAQUS/CAE 是 ABAQUS 的交互图形环境，用户可以方便快捷地建立模型，定义部件载荷、边界条件、材料特性等参数，轻松地划分出理想网格，并可检验所建立的分析模型，提交、监视和控制分析作业，然后使用后处理模块提取和分析计算结果。现代 CAD 系统普遍采用基于特征的参数化建模方法，ABAQU/CAE 提供这种几何建模方法的有限元前处理程序，用户可以通过拉伸、旋转、扫掠、倒角和放样等方法来创建参数化几何体，也能够由各种通用的 CAD 系统导入几何体，并运用参数化建模方法进行进一步编辑。

（2）ABAQUS/Standard 是 ABAQUS 的一个通用分析模块，可以求解和分析线性和非线性问题，包括静态、动态分析和复杂非线性耦合物理场分析等。在每一个求解的增量步中，可以隐式地求解方程组，并提供并行的稀疏矩阵求解器，能快速可靠地求解各类大规模计算问题。

（3）ABAQUS/Explicit 模块可以进行显式动态分析，适用于求解复杂的非线性动力学问题和准静态问题，特别适用于模拟如爆炸和冲击的动态事件。另外，能够有效地处理接触条件变化的高度非线性问题。

（4）ABAQUS/Design 拓展了 ABAQUS/Standard 在设计敏感性分析中的应用，有益于理解设计行为和预测设计变化的影响，能够用于分析位移、应力和应变、反力、单元体积、接触压力和特征频率等设计响应。设计参数，如弹性或超弹性材料属性、方向、节点坐标、截面属性和横向剪切刚度等，能够明显地影响实体、壳、梁等单元的响应。模型也可以包含较小的有限滑动接触，且其摩擦系数可以与设计参数相关。

（5）ABAQUS/Viewer 是 ABAQUS/CAE 的子模块，包含了 ABAQUS/CAE 的 visualization 模块的后处理功能。

6.1.3 接触问题的有限元法

6.1.3.1 接触问题的特点

许多工程问题都涉及两个或多个部件之间的接触，如齿轮啮合、法兰连接、密封、板带成型、冲击等。当两物体彼此接触时，两物体会受到垂直于接触面的力作用。存在于接触面上的摩擦会产生阻止物体切向运动的剪力。通常接触模拟的目的是确定接触面积并计算接触压力[94]。

根据接触体的材料性质，接触问题分为[95]弹性物体的接触、塑性物体的接触、黏弹性物体的接触、可变形固体与液体的接触。同时，接触问题属于典型的非线性问题，存在两个难点：（1）在有限元分析中，接触条件是一类特殊的不连续约束，允许力从模型的一部分传递到另一部分。当两个表面发生接触时才会有约束产生；当两个接触面分开时，约束作用即消失。这种约束属于不连续约束。因此，有限元分析必须能够判断何时两个表面分开并解除接触约束。（2）接触问题几乎全部涉及摩擦计算。摩擦与路径有关，并且摩擦响应可能杂乱，导致求解难以收敛。

6.1.3.2　ABAQUS 的接触模拟功能

接触面相互作用的定义包括摩擦系数等参数。其中，接触面分为三类：由单元构成的柔体接触面或刚体接触面、由节点构成的接触面以及解析刚体接触面。采用 ABAQUS/Explicit 进行接触模拟时，可选择通用接触算法或接触对算法。通常定义一个接触模拟只需指定其所采用的接触算法和将会发生接触作用的表面。在某些情况下，当默认的接触设置不满足需要时，可以指定其他方面的参数。

6.1.3.3　接触相互作用

在 ABAQUS 模拟分析中，通过赋予接触相互作用面的名字来定义两个面之间可能存在的接触。在定义时必须指定滑移量是“小滑移”还是“有限滑移”。对于一个点与一个表面的接触问题，只要该点的滑移量不超过一个单元的尺度，即可认为是“小滑移”。每个接触相互作用必须调用接触属性，这与每个单元必须调用单元属性的方式相同。接触属性可包括如摩擦这样的本构关系。

6.1.3.4　主面和从面

ABAQUS/Standard 使用单纯主 - 从接触算法：从面上的节点不能侵入主面的任何部分，但主面可以侵入从面。定义主从面时需要注意：（1）刚度较大的面应作为主面，要考虑材料特性和结构的刚度。另外，解析面或由刚度单元构成的面必须作为主面，从面则必须是柔体上的面。（2）当两个接触面的刚度接近时，则应选择网格较粗的面作为主面。（3）两个面的节点位置不需一一对应，但如果一一对应，可以得到更精确的结果。（4）主面必须连续，不能是由节点构成的面。对于有限滑移，主面在发生接触的区域必须光滑。（5）对于存在很大的凹角或尖角的接触区域，需要将其分别定义为两个面。（6）对于有限滑移，应尽量避免从面节点落到主面之外，否则容易导致收敛问题。（7）一对接触面的法线方向应该相反。

6.2　厚壁圆筒的数值模拟

6.2.1　ABAQUS 建模步骤

ABAQUS 建模步骤如下：

（1）模型的建立。圆筒载荷作用下的位移、应变和应力对称于被包容件中心线，而且在同一直径上的尺寸和受载情况都相同。本问题可简化为二维轴对称问题，从而大大降低模型的规模，缩短计算时间。模拟时设定一组内径不同、外径与压力相同的情况进行模拟；设定另外一组外径不同、内径与压力相同的情况进行模拟。

(2) 材料属性及网格划分。圆筒材料的弹性模量为210GPa、泊松比为0.3，网格划分的质量和数量对计算结果有重要影响。随着网格数量的增加，模型所得到的计算结果趋于一个唯一解。模型网格数量越多，计算结果越精确。但当网格数量达到一定程度时，对精度的提高作用有限，而计算规模却急剧提高。本模型在划分网格时采用 Quad - dominated，即网格中主要使用四边形单元，圆筒的网格单元尺寸为1mm，网格划分如图6－1所示。

(3) 边界条件与载荷的确定。边界条件分为一端约束与另一端无约束，圆筒外表面施加外压不同，尺寸参数相同，以模拟多组数据。模型边界条件设置如图6－2所示。

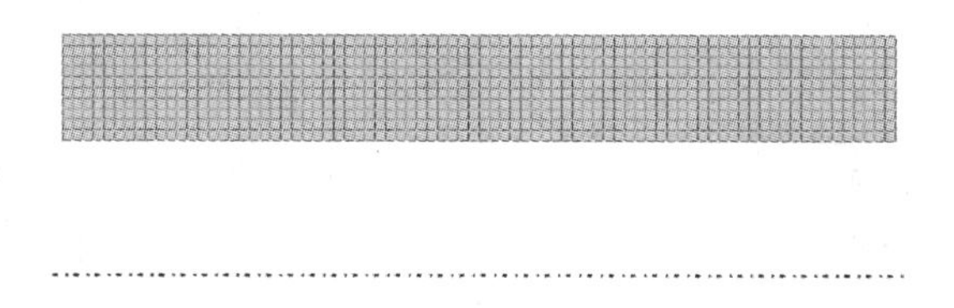

图6－1　模型网格划分

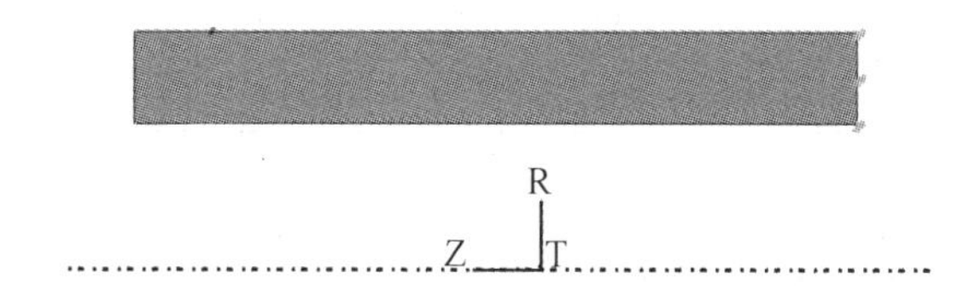

图6－2　模型边界条件设置

(4) 单元类型的选择。ABAQUS 具有多达433种单元的丰富单元库，分为连续体单元、壳单元、梁单元、薄膜单元、杆单元、刚体单元、连接单元和无限单元八大类。每种单元都有其优缺点，尤其在特定的适用场合[92]。在生成网格之前应考虑单元的类型。在选择单元类型时，必须考虑模型的几何形状、所研究问题的变形类型和外部载荷的施加等方面因素。对于本节的二维轴对称模型，最合适的单元类型是二维轴对称减缩积分单元 CAX4R。

6.2.2 结果与讨论

经过以上建模步骤,得出如图6－3所示的有限元模拟结果。由于受压圆筒径向位移与应力均在圆筒内表面，并且分别对比了在不同压力、不同内径与不同外径条件下的模拟数据与理论公式计算数据，对比结果见表 6－1～表 6－3 与图 6－4。

图 6－3　圆筒径向位移变化量

表 6－1　不同外压下圆筒内径的径向位移

外压/MPa	模拟值/mm	理论值/mm	模拟值与理论值绝对误差/mm	模拟值与理论值相对误差/%
140	1. 1825	1. 1900	0. 0075	0. 63
145	1. 2245	1. 2325	0. 0080	0. 65
150	1. 2664	1. 2750	0. 0086	0. 67
155	1. 3083	1. 3175	0. 0092	0. 70
160	1. 3502	1. 3600	0. 0098	0. 72
180	1. 5176	1. 5300	0. 0124	0. 81
190	1. 6012	1. 6150	0. 0138	0. 85
200	1. 6847	1. 7000	0. 0153	0. 90
210	1. 7682	1. 7850	0. 0168	0. 94
220	1. 8514	1. 8700	0. 0186	0. 99
230	1. 9347	1. 9550	0. 2030	1. 04
240	2. 0179	2. 0400	0. 0221	1. 08
270	2. 2670	2. 2950	0. 0280	1. 22
290	2. 4327	2. 4650	0. 0323	1. 31

表 6－2　不同内径圆筒的径向位移

内径/mm	内径变化量无约束/mm	内径变化一端约束/mm	内径变化量理论计算/mm	一端约束与理论计算绝对误差/mm	一端约束与理论计算相对误差/%
500	1. 13528	1. 13315	1. 14603	0. 01288	1. 12
520	1. 35021	1. 35016	1. 36001	0. 00985	0. 72
540	1. 65129	1. 65129	1. 66617	0. 01488	0. 89

表 6-3 不同外径圆筒的径向位移 (mm)

外 径	内径变化量无约束	内径变化量一端约束	内径变化量理论计算	一端约束与理论计算绝对误差	一端约束与理论计算相对误差/%
620	1.54507	1.54501	1.55858	0.01357	0.87
640	1.35021	1.35016	1.36001	0.00985	0.72
660	1.21105	1.21103	1.21879	0.00776	0.64

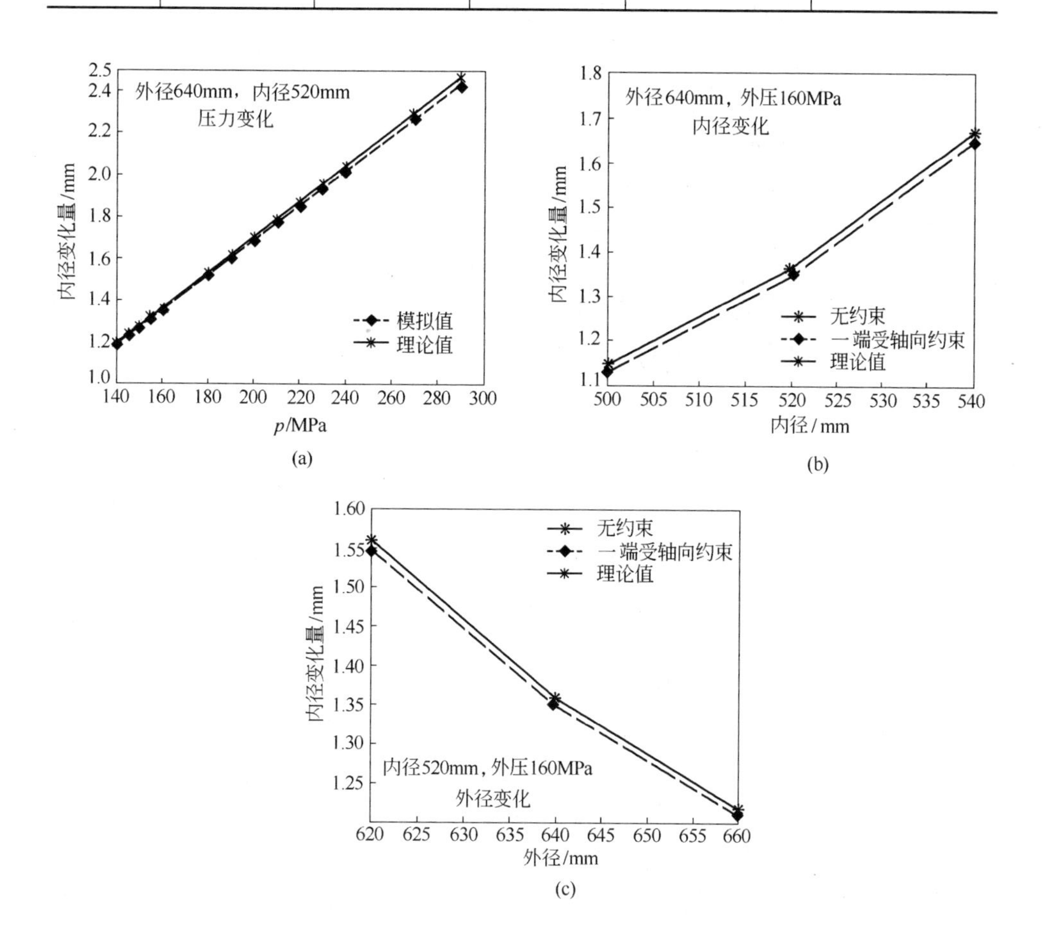

图 6-4 厚壁圆筒求位移理论与数值解对比

(a) 不同外压的模型对比；(b) 不同内径的模型对比；(c) 不同外径的模型对比

以上图表数据表明，厚壁圆筒的理论计算方法较为精确，相对误差不大于2%。另外可以看出，圆筒的径向位移与外压力、圆筒的内径成正比，与圆筒的外径成反比，而且在建模的过程中圆筒两端约束的施加对结果影响不大。

6.3　过盈连接的数值模拟

6.3.1　ABAQUS 建模步骤

ABAQUS 建模步骤如下：

(1) 模型的建立。本问题与圆柱面过盈连接圆筒问题相同，可将其简化为二维轴对称问题。模型各尺寸参数为：被包容件内径为 40mm，结合面平均直径为 85mm，包容件外径为 140mm，结合面接触长度为 80mm。

(2) 材料属性及网格划分。被包容件与包容件材料的弹性模量为 210GPa，泊松比均为 0.3。本模型在划分网格时也采用 Quad - dominated，被包容件与包容件的种子尺寸为 1mm，网格划分如图 6 - 5 所示。

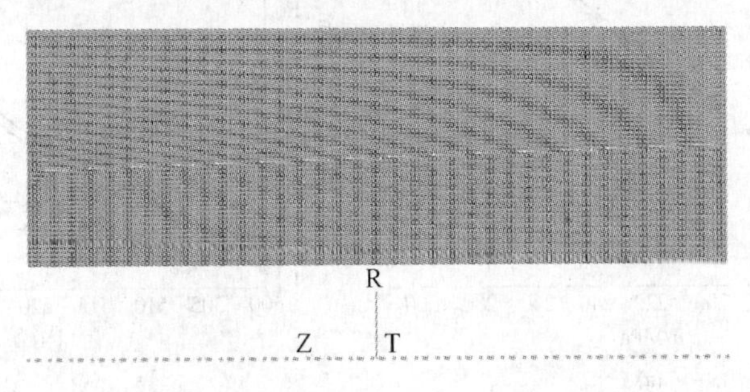

图 6 - 5　模型网格划分图

(3) 单元类型的选择。对于本问题的二维轴对称模型，单元类型选定二维轴对称减缩积分单元 CAX4R。

(4) 接触面的定义。通过施加轴向力产生过盈配合时，装配时随着包容件推进，接触面发生过盈。接触面采用 Penalty（罚函数）摩擦公式[22,23]，接触对定义为 Surface - to - surface contact 的有限滑动，包容件与被包容件接触面（一般涂有二硫化钼润滑脂）的摩擦系数设定为 0.09。设置接触对时，通常选取刚度较大、网格较粗的接触面作为主面，选取刚度较小、网格较细的接触面作为从面，接触面接触设置理论过盈量为 0.101mm。

(5) 边界条件与载荷的确定。由于需要得出径向过盈量结果，因此包容件的两端在 Y 方向施加约束，被包容件的两端也施加 Y 方向约束。由于是圆锥过盈，可以通过模拟机械压入的过程来达到过盈配合。

(6) 定义分析类型及求解。采用隐式算法对其进行模拟。虽然其装配是一个动态过程，但该问题所研究的不是瞬时冲击响应，而是当外环移动到不同位置时结构的静态响应，所以仍设置分析步类型为 Staic General（使用 ABAQUS/Standard 作为求解器）。由于装配过程是一个大位移问题，Nlgeom（几何非线性）

设为 On。同时，设置增量步为固定值，最大增量步设为 0.02。

6.3.2 结果与讨论

包容件向被包容件轴向移动 15.85mm 后，圆锥过盈接触面完全接触，得出有限元模拟的 Von Mises 应力结果，如图 6－6 所示，被包容件与包容件的 Von Mises 应力分布如图 6－7 和图 6－8 所示，组合圆筒圆锥过盈接触压力分布如图 6－9 所示。Von Mises 应力是一种等效应力：当某一点应力应变状态的等效应力应变达到某一与应力应变状态无关的定值时，材料就屈服；或者说材料处于塑性状态时，等效应力始终是一定值。

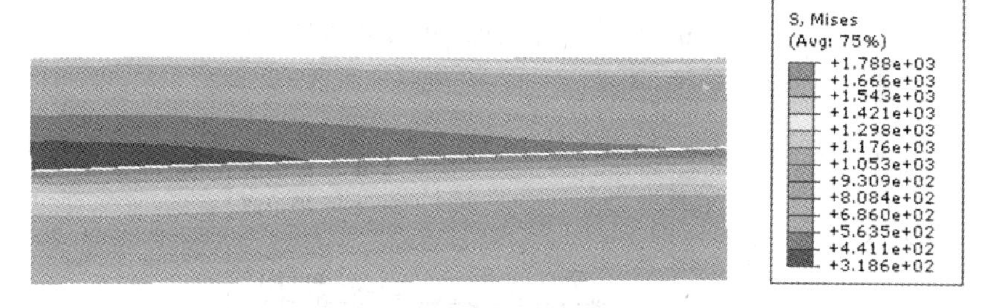

图 6－6 过盈连接 Von Mises 应力分布

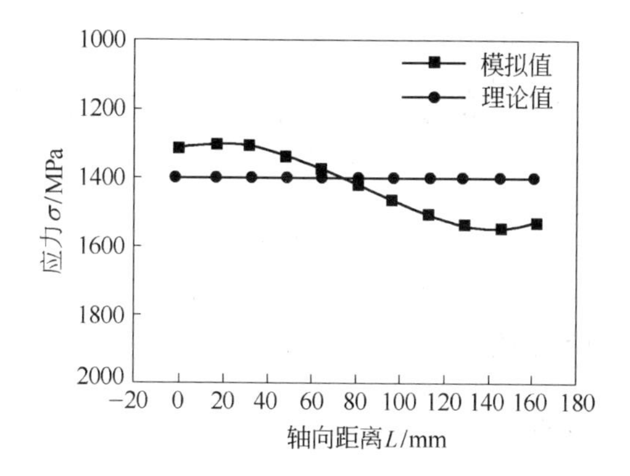

图 6－7 被包容件的 Von Mises 应力分布

由图 6－7～图 6－9 可以看出，在模型两端，Von Mises 应力与接触压力的模拟值与理论值相差较大，这是由于过盈连接边缘效应引起的应力集中。因此，以中部区域的模拟结果为准，可以看出该区域的 Von Mises 应力与接触压力模拟值与理论值相差较小。可以得出结论：本书中设计方法可以用来进行过盈连接的精确计算。

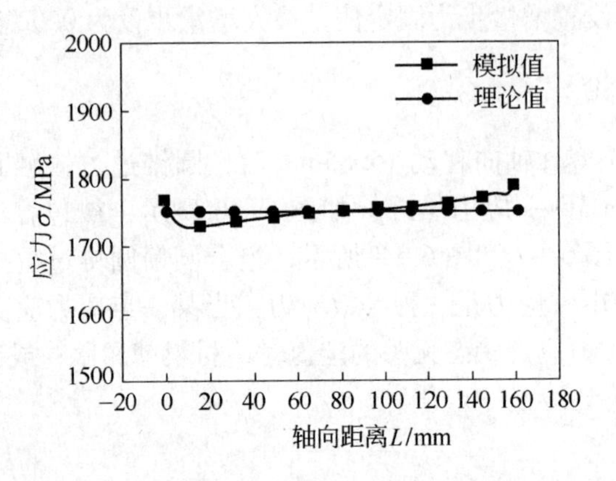

图6－8　包容件的Von Mises应力分布

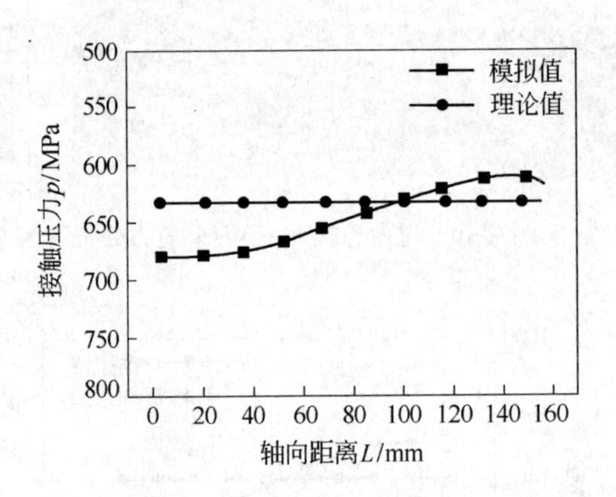

图6－9　过盈接触面的接触压力分布图

6.4　锁紧盘的数值模拟

6.4.1　研究对象与几何模型

锁紧盘装配时的外环、内环、轴套和主轴各部件均为轴对称结构。按轴对称问题处理可以将该问题简化为二维问题，从而大大降低模型的规模，缩短计算时间。另外，由于主要研究锁紧盘装配以及主轴与轴套过盈接触引起的应力和应变等,根据圣维南原理可知,过盈连接处的端部影响可以忽略。因此对工况结构进行简化,对于主轴和轴套,仅取主轴与轴套接触的部位为模型。内环与外环长圆锥接触面为主要承载区。为了简化模型内环,忽略螺栓孔的影响。根据本书中设计方法设计单圆锥锁紧盘尺寸,建立二维轴对称模型。模型基本尺寸参数见表6－4。

表 6-4 模型的基本尺寸参数

尺 寸 参 数	数值/mm
主轴内径 d_0	60
主轴外径 d_1	520
轴套外径 d_2	640
外环外径 d_4	1020
内环短圆锥面长度 l_{3s}	54
内环长圆锥面长度 l_{3l}	210

6.4.2 材料属性与网格划分

6.4.2.1 材料基本参数

外环、内环和主轴材料的弹性模量为 210GPa，轴套材料的弹性模量为 180GPa，各组件材料的泊松比均为 0.3，屈服强度见表 6-5。

表 6-5 材料性能参数

组件名称	弹性模量/GPa	泊 松 比	屈服强度/MPa
外 环	210	0.3	930
内 环	210	0.3	785
轴 套	180	0.3	835
主 轴	210	0.3	930

6.4.2.2 单元类型的选择

作为二维轴对称模型，最合适的单元类型是二维轴对称减缩积分单元 CAX4R。

6.4.2.3 网格划分

由于外环和内环形状不规则，划分网格时采用 Quad - dominated，即网格中主要使用四边形单元，但在过渡区域允许出现三角形单元。外环、内环、轴套和主轴的单元尺寸分别为 8mm、4mm、8mm 和 8mm。有限元模型网格划分如图 6-10 所示，边界条件如图 6-11 所示。

6.4.3 接触方式与摩擦系数

装配时随着外环推进，各接触面由外层向里层依次发生过盈，涉及多个部件的相互接触。各接触面采用 Penalty（罚函数）摩擦公式，并将接触对定义为 Surface - to - surface contact 的有限滑动，内环与外环接触面（涂有二硫化钼润滑脂）的摩擦系数设定为 0.09，轴套与内环接触面、主轴与轴套接触面的摩擦系数

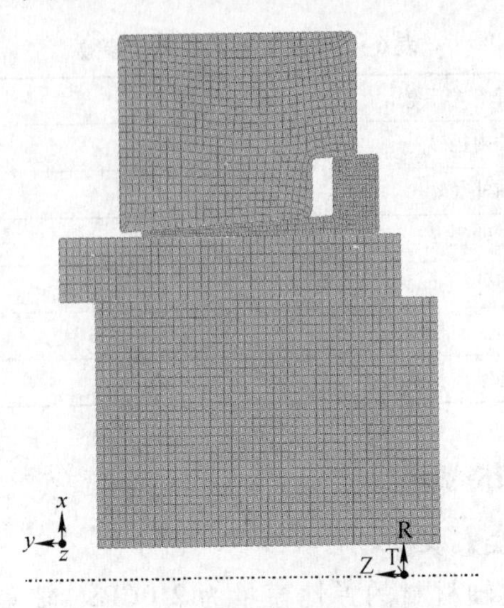

图 6 – 10　有限元模型网格划分

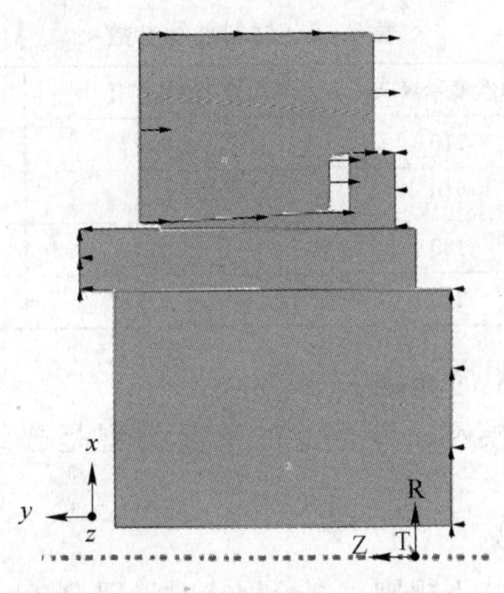

图 6 – 11　有限元模型边界条件

设定为 0.15。设置接触对时通常选取刚度较大、网格较粗的接触面作为主面；选取刚度较小、网格较细的接触面作为从面，各接触面接触对的详细设置见表 6 – 6。

表 6 – 6　接触对主从面设置

接触面	主 面	从 面	摩擦系数
主轴与轴套	主 轴	轴 套	0.15
轴套与内环	轴 套	内 环	0.15
内环与外环	外 环	内 环	0.09

6.4.4 边界条件和载荷

实际工况中，主轴轴向长度较大，输入轴左端连接着行星架，建模时对两者都进行简化，即只考虑装配时涉及过盈连接的部分。装配时外环随着螺栓的拧紧向内环方向（Y方向）移动，内环本身并不移动。因此，对内环右端施加轴向（Y方向）约束，轴套左端和主轴右端施加固定端约束。对于外环施加位移载荷，使其沿Y负方向运动，装配完成后外环向内环移动23mm，内环与外环接触面的过盈量为2.474mm，模型边界条件设置如图6－11所示。

另外，分析类型及求解的设置与前面分析相同，不再赘述。

6.5 装配过程分析

本节主要分析有限元模拟装配过程中的参数关系，采用某一结构，按照6.4节中的建模步骤，研究锁紧盘装配过程中过盈量和接触压力的关系，模拟在同一行程中，选取轴向方向各单元结果，计算平均过盈量和接触压力。然后分别计算出各行程下的结果平均值。最后分别做出推进行程与过盈量和接触压力的关系，如图6－12和图6－13所示。

6.5.1 推进行程与过盈量的关系

由图6－12（a）可知：开始推进至6mm左右时，几乎没有产生过盈量。同理，图6－12（b）中轴套与内环的接触面由0推进至2mm左右时发生了过盈配合，各接触面的过盈量随推进行程平缓增加，单一曲面过盈量的增长幅值相近，推进行程与过盈量存在一定的线性关系。可以看到：在同一行程下接触面的周向过盈量几乎相同，说明过盈连接在接触面产生的过盈量较为均衡，结合的定心好，因此不会产生应力集中，从而避免了对结构造成破坏。

通过对比图6－12中各图可知，内环与外套、轴套与内环的过盈量明显大于轴与轴套的过盈量。所以，在选取轴与轴套的过盈量时，要保证内环与外套、轴套与内环的过盈量不超过材料许用的最大过盈量值。

6.5.2 推进行程与接触压力的关系

接触压力是锁紧盘的重要参数，若接触压力不能满足设计值，可能会在接触面产生滑移。装配间隙同样会影响外环与内环接触面的过盈量，从而影响各接触面接触压力的大小和分布。推进行程与接触压力的关系如图6－13所示。

从图6－13（a）可以看出，主轴的表面压力随推进行程的增加而大幅增大，但压力的增长速率保持在一个稳定的范围内。说明内环推进过程中，轴表面受到的压力呈线性增长，而且不会出现压力不均或突变的现象，整体受压效果良好。

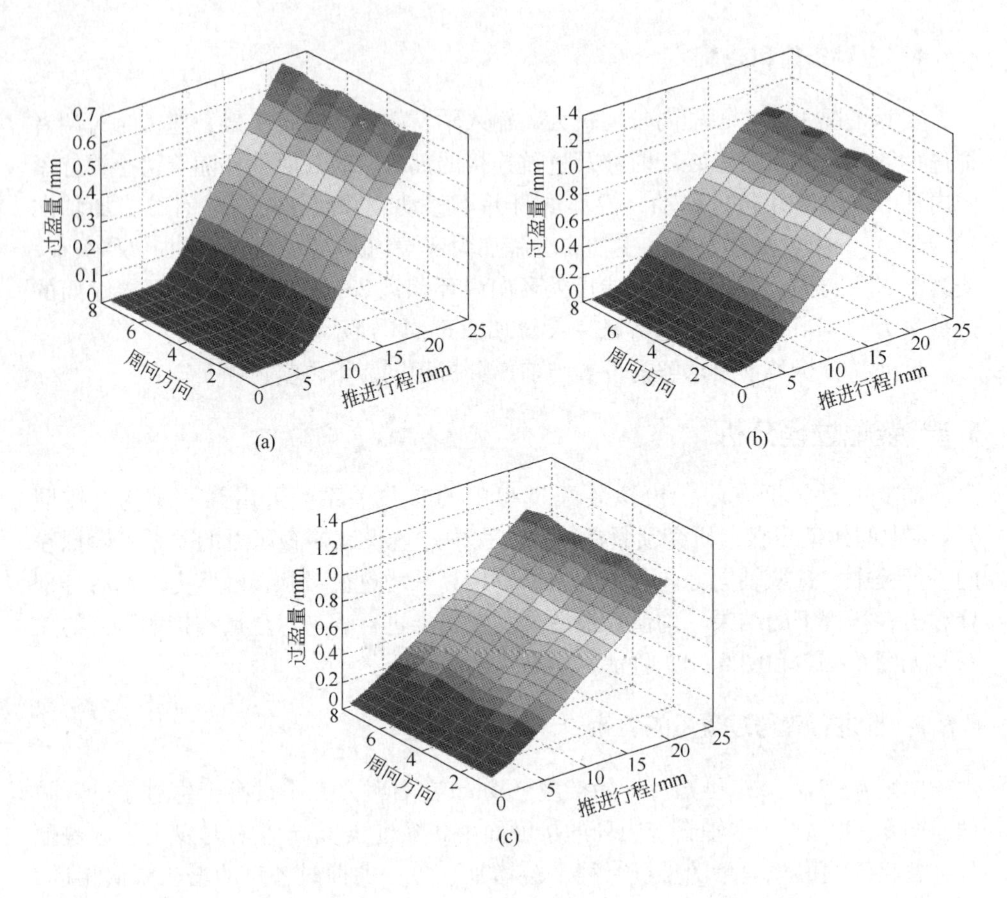

图 6－12　推进行程与过盈量的关系

（a）主轴与轴套接触面；（b）轴套与内环接触面；（c）内环与外套接触面

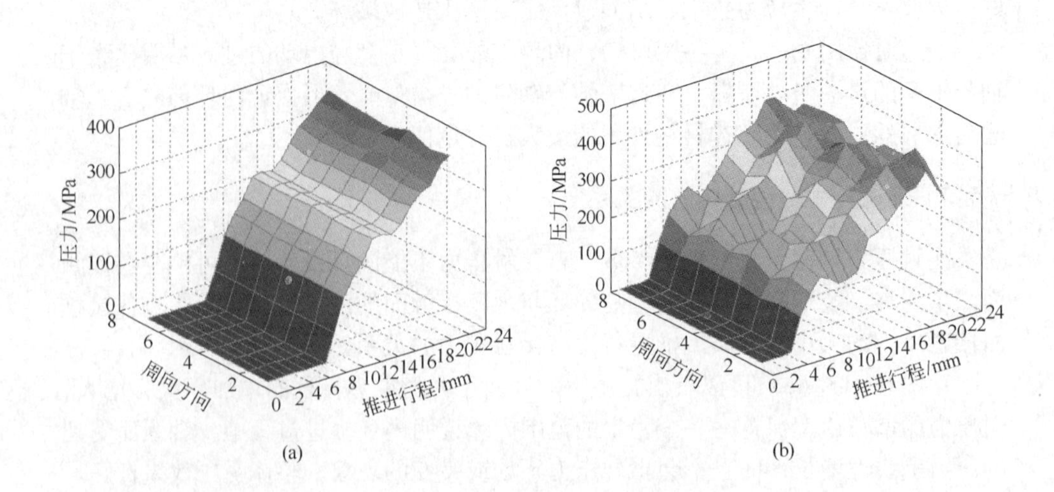

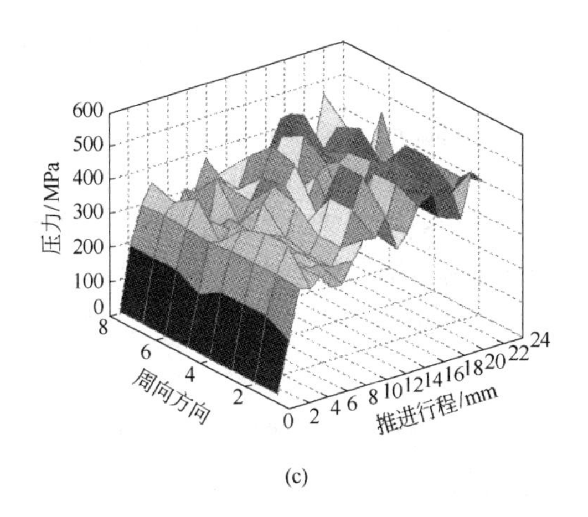

(c)

图 6－13　推进行程与接触压力的关系
(a) 主轴与轴套接触面；(b) 轴套与内环接触面；(c) 内环与外套接触面

从图 6－13（b）可以看出，随推进行程的增加，轴套压力呈逐渐增大趋势，但增长幅度却起伏不定，其沿圆周方向也呈周期性变化。从图 6－13（c）中可以看出，随着行程的增加，压力的变化幅度较大，周向方向的压力变化幅度也较大，整体压力分布不规律。图 6－13（b）与图 6－13（c）表现出的接触压力起伏现象与内环推进过程中配合接触面首次发生弹性变形和弹性回缩有一定的关系。轴套的重要作用是缓冲主轴所承受的压力，轴表面受到的压力会保持稳定的增长。

6.6　数值法与解析法对比

本节主要进行装配完成后的结果参数分析，通过模拟值与理论计算方法结果的对比，验证理论模型的正确性。文中主要通过接触压力、承载扭矩与 Von Mises 应力来进行对比验证。接触压力是表征过盈接触面的重要参数，过小的接触压力会使接触面产生滑移，不能传递额定扭矩；过大的接触压力可能会导致各个组件应力过大，破坏组件的结构。基于此目的，本节对承载扭矩与 Von Mises 应力进行对比分析。

6.6.1　接触压力

图 6－14 为内环与外环接触面接触压力的有限元解和解析解分布。由图 6－14 可知，在接触面中部区域（40～160mm）有限元解和解析解吻合较好，而接触面两端由于受应力集中影响，有限元解均大于解析解。另外，内环长圆锥面径向变形大于短圆锥面，相当于在长圆锥面右端施加了一个逆时针扭矩，造成长圆

锥面右端接触压力进一步升高，导致内环与外环接触面的右端有限元解大于左端有限元解。

图 6 – 15 为轴套与内环接触面接触压力的有限元解和解析解分布，其有限元解的分布规律与图 6 – 14 中相似。在接触面中部区域（40 ~ 160mm），有限元解和解析解基本吻合。由于应力集中的影响，轴套与内环接触面端部的有限元解大于解析解。但是由于内环短圆锥面起辅助连接作用，与其对应的轴套与内环接触面接触压力较小，导致有限元解在轴向距离 190mm 右侧不断降低并最终小于解析解。

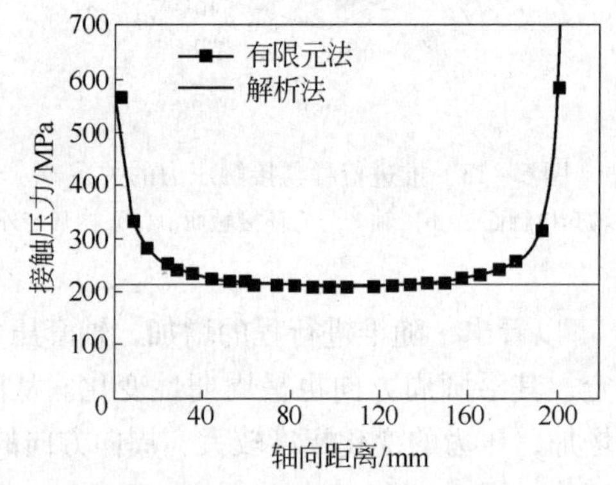

图 6 – 14 内环与外环接触面
接触压力分布

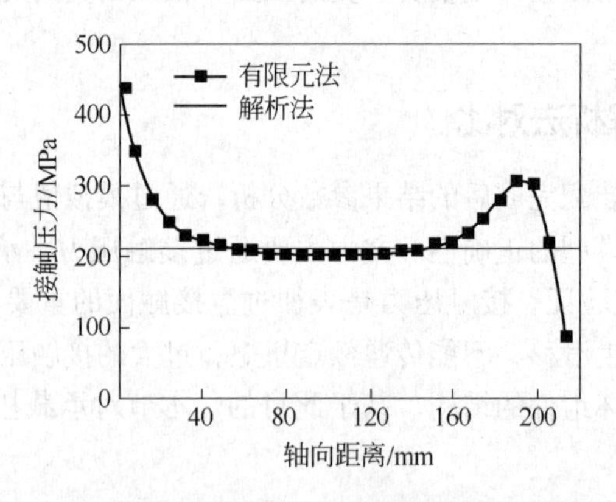

图 6 – 15 轴套与内环接触面
接触压力分布

图 6 – 16 为主轴与轴套接触面接触压力的有限元解和解析解分布。可以看出，主轴与轴套接触面两端的有限元解均小于解析解。这是由于对轴套左端施加了固定约束，抵消了一部分来自于内环的压力，导致主轴与轴套接触面左端的有

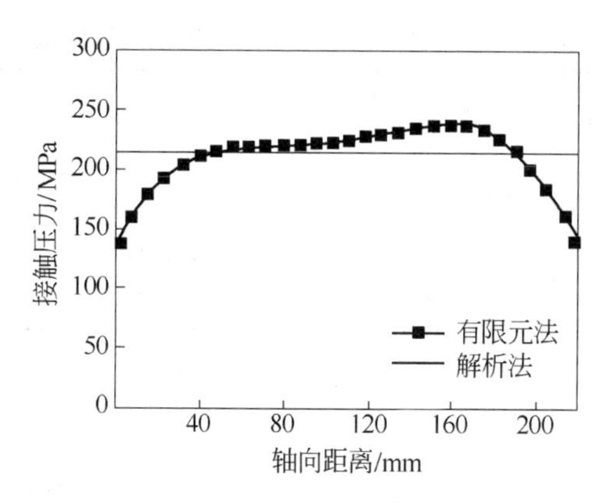

图 6－16　主轴与轴套接触面接触压力分布

限元解小于解析解。而在接触面中部区域（40～170mm），有限元解不断升高，并在 170mm 右侧持续下降至小于解析解。有限元解的不断升高是由于轴套与内环接触面右端的接触压力偏高所致，而在轴向距离 170mm 右侧有限元解的下降，则是由于内环短圆锥面对应的主轴与轴套接触面接触压力偏小所导致。

从图 6－14～图 6－16 可以看出：对于各个接触面的中部区域，两种方法的计算结果吻合较好。但在各个接触面的端部，由于受到应力集中以及模型约束的影响，数值解与解析解存在偏差。

图 6－17 为主轴与轴套接触面主轴外径变化量分布。由图 6－17 可知，外径变化量的有限元解呈中间高、两端低的分布，只有在 120mm 附近达到了解析解，这也与主轴与轴套接触压力有限元解的分布规律相吻合。为了减少应力集中的影响，有限元解选取各接触面中间位置的接触压力。表 6－7 为接触压力的解析解与有限元解对比。由表 6－7 可知，有限元解和解析解较为接近，相对误差在 5% 以内。

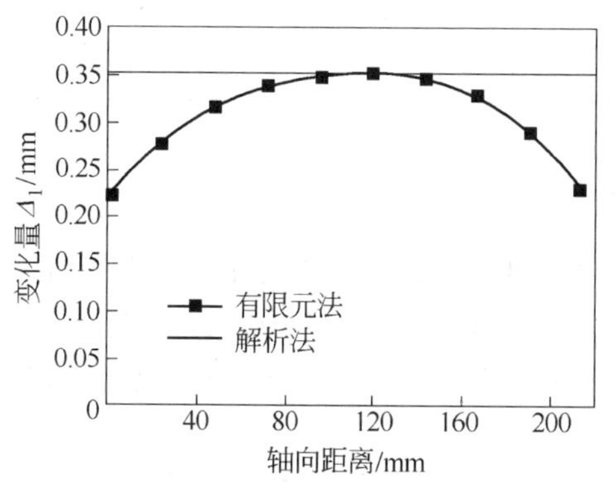

图 6－17　主轴与轴套接触面主轴外径变化量

表 6－7 接触压力的解析解与有限元解对比

接 触 面	接触压力/MPa		相对误差/%
	有限元解	解析解	
内环与外环	207.93	213.81	2.83
轴套与内环	204.59	212.26	3.75
主轴与轴套	224.97	213.76	4.98

6.6.2 承载扭矩

衡量锁紧盘主要性能的指标是装配完成后主轴与轴套所能承载的扭矩。若承载扭矩不能满足额定扭矩，则会影响锁紧盘工作性能。承载扭矩与接触压力、摩擦系数、接触面长度以及主轴直径有关，其计算公式为：

$$M = \frac{\mu_1 p_1 \pi d_1^2 l_1}{2} \tag{6-1}$$

式中 d_1——主轴外表面直径；

μ_1——主轴与轴套接触面摩擦系数；

p_1——主轴与轴套接触面接触压力；

l_1——主轴与轴套接触面轴向长度。

为了对比承载扭矩的数值解和解析解的误差，将图 6－16 中主轴与轴套接触面的接触压力有限元解的曲线积分，结合式（6－1）即可求出锁紧盘承载扭矩 M 的有限元解。表 6－8 为承载扭矩的解析解与有限元解对比。由表 6－8 可知，主轴与轴套接触面的承载扭矩两种方法计算结果的相对误差控制在 5% 以内，能够满足工程实际的需求。

表 6－8 承载扭矩的解析解与有限元解对比

有限元解/kN · m	解析解/kN · m	相对误差/%
2920.21	2914.46	0.20

6.6.3 Von Mises 应力

由第 2 章的理论分析可知，当圆筒受均布载荷作用时，其最大应力发生在圆筒内侧。因此，分析各组件 Von Mises 应力时，主要分析圆筒内侧的应力分布。图 6－18 为锁紧盘装配后的 Von Mises 应力分布。图 6－19 为锁紧盘装配后的径向位移分布。

图 6－20 为外环的 Von Mises 应力云图。由图 6－20 可知，接触面端部存在应力集中，而中部区域应力变化均匀。图 6－21 为外环长圆锥部分的内壁沿轴向

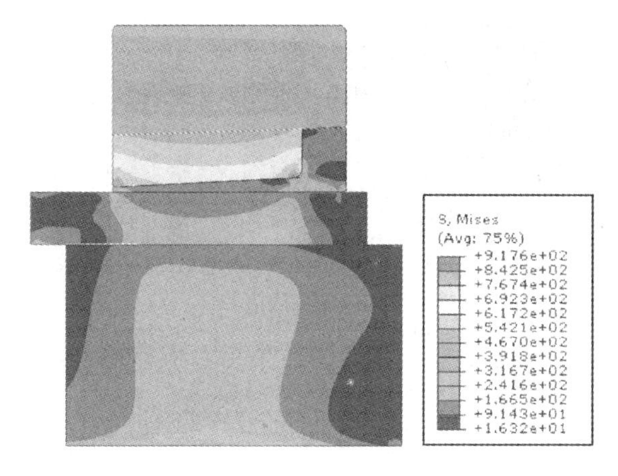

图 6－18 锁紧盘装配后组件的 Von Mises 应力分布

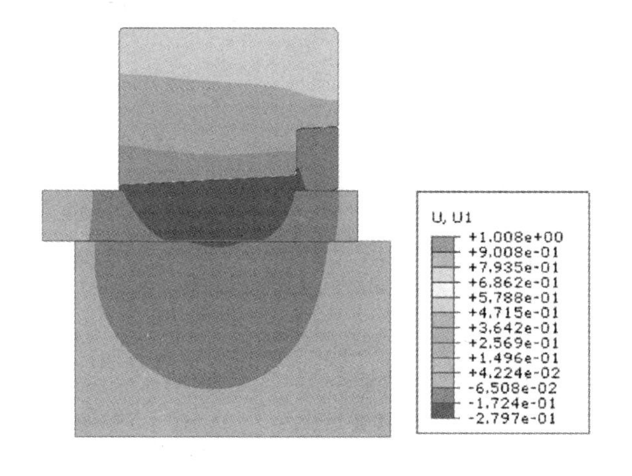

图 6－19 锁紧盘装配后组件的径向位移分布

方向的 Von Mises 应力分布。由图 6－21 可以看到：在中部区域（40～180mm）解析解和有限元解吻合较好；但在接触面的两端，由于应力集中的影响，有限元解急剧升高，这一规律与图 6－14 吻合。

图 6－22 为内环 Von Mises 应力云图。图 6－23 为内环内壁沿轴向方向的 Von Mises 应力分布。图 6－23 中，除了在内环长圆锥面接触面的端部有应力集中，长圆锥面接触区域 Von Mises 应力的解析解比有限元解大 100MPa。这是由于内环长圆锥面较薄、刚度较小，当内外均受压力作用时，具有较大的柔性，而解析解是基于厚壁圆筒理论计算所得，所以有较大的偏差。内环短圆锥面对应的内侧区域由于实际装配时的压力波动，造成此区域的有限元解上下波动巨大。因此，对于薄壁圆筒的强度校核不能单纯采用基于厚壁圆筒理论所得到的强度校核

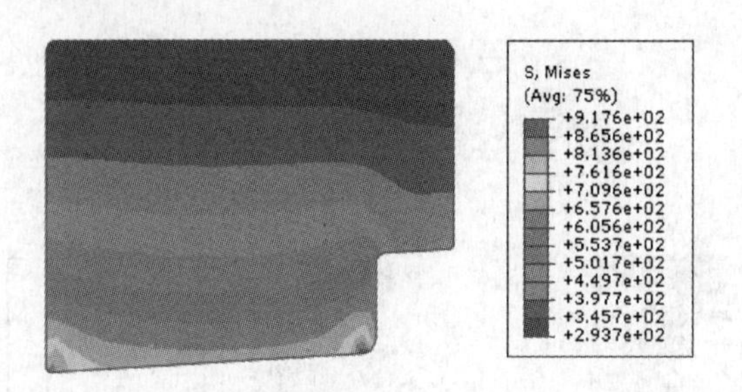

图 6 - 20 外环 Von Mises 应力云图

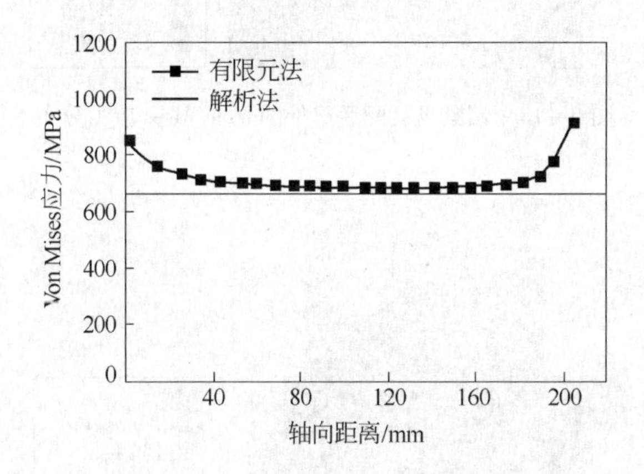

图 6 - 21 外环 Von Mises 应力分布

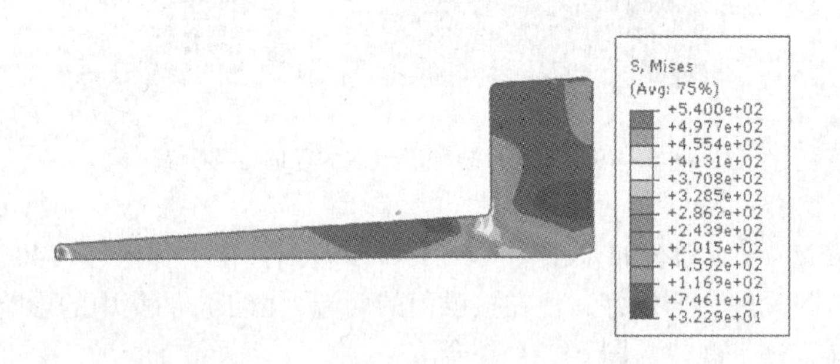

图 6 - 22 内环 Von Mises 应力云图

公式，应采用与有限元法相结合的方法，提高校核精度。

另外，对于内环，长圆锥部分相对于短圆锥部分刚度较低，在装配锁紧盘时长圆锥对应部位径向变形较大，而短圆锥部位变形较小，因此在内环长圆锥和短圆锥连接部位产生一个弯曲，导致此处应力偏大。图 6 - 24 为内环圆锥阶梯处的径向位移分布图。由图 6 - 24 中可以看到，内环长圆锥部位右端最大应力发生在

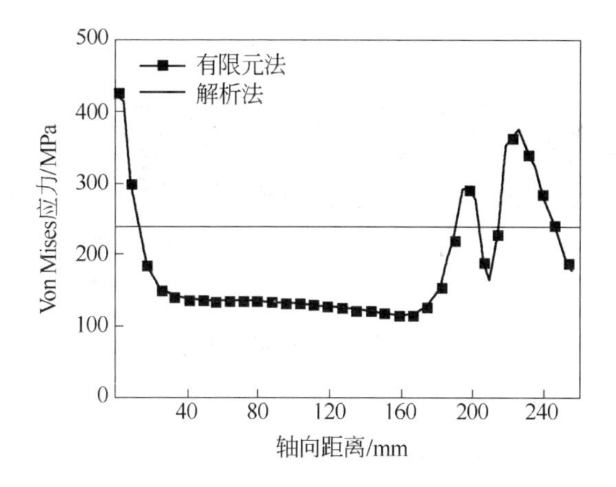

图 6 – 23 内环 Von Mises 应力分布

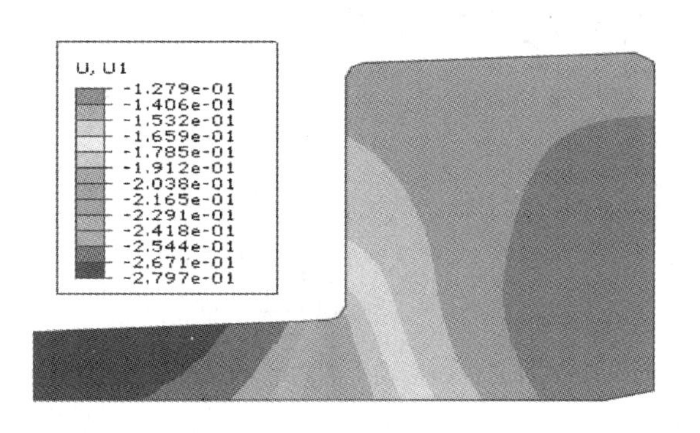

图 6 – 24 内环圆锥阶梯处的径向位移分布图

外径部位，而不是内径部位，这说明弯曲对内环具有较大的影响作用。

图 6 – 25 为轴套 Von Mises 应力云图。图 6 – 26 为轴套内壁沿轴向方向的 Von Mises 应力分布。图 6 – 26 中，由于对轴套左端施加了固定端约束，轴套左端的压力较小，所以此处的有限元解小于理论解。轴套对应的长圆锥面右端区域，由于压力的增大，导致此处 Von Mises 应力升高，偏离解析解并逐渐增大。由于短圆锥面对应区域压力较小，导致轴套右端 Von Mises 逐渐增大后又低于解析解。

图 6 – 27 为主轴 Von Mises 应力云图。图 6 – 28 为主轴内壁沿轴向方向的 Von Mises 应力分布。图 6 – 28 中，主轴内径有限元解呈中间高、两边低的分布，这与其外表面所受压力分布有关。有限元解小于解析解是因为主轴直径大、内孔小，与一般的厚壁圆筒相比具有较高的刚度，类似于实心轴结构，承载能力大于

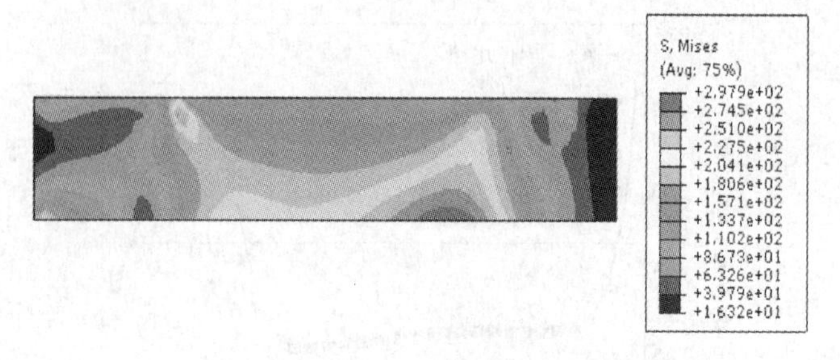

图 6－25　轴套 Von Mises 应力云图

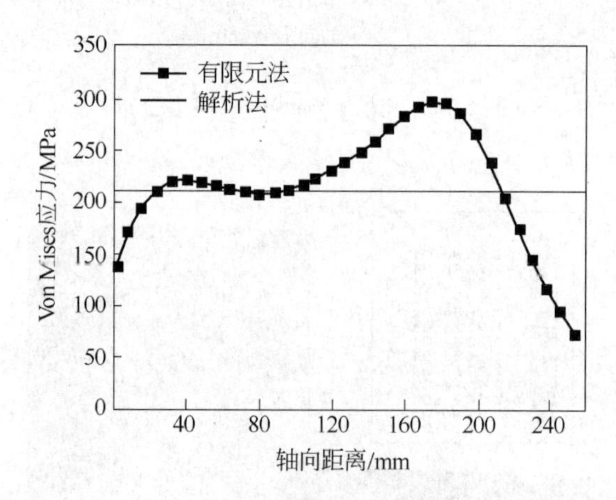

图 6－26　轴套内壁沿轴内方向的 Von Mises 应力分布

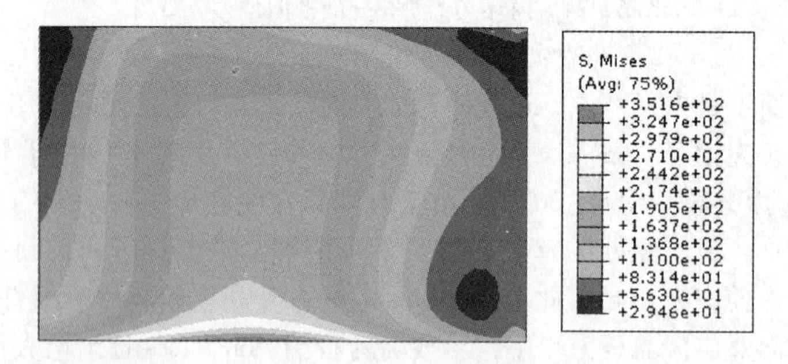

图 6－27　主轴 Von Mises 应力云图

厚壁圆筒，因此采用基于厚壁圆筒理论的强度校核公式所得结果较有限元解偏大。

对于各部件应力的计算，解析解与有限元解均存在一定偏差。由以上 Von

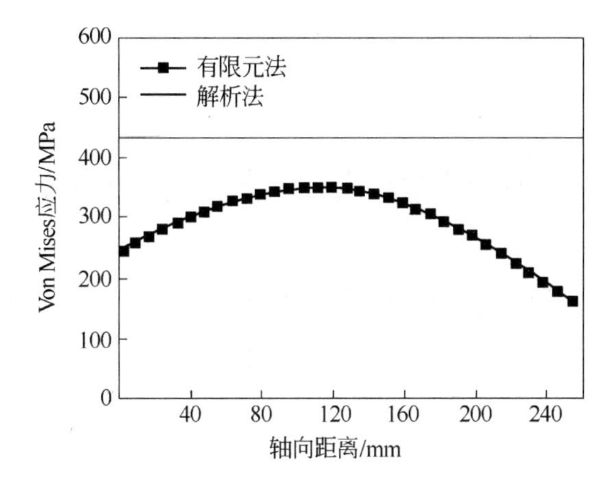

图 6-28 主轴内壁沿轴向方向的 Von Mises 应力分布

Mises 应力的有限元解和解析解对比可知，解析方法在计算各组件应力的过程中存在一定的局限，采用有限元方法能够更好地分析局部应力分布情况。

7　锁紧盘性能的影响因素

过盈连接以其结构简单、定心性好、承载能力高、能承受冲击载荷、对轴的强度削弱小等优点得到了广泛的应用。锁紧盘性能的主要影响因素有加工偏差、装配间隙、工况温度、离心力、摩擦系数、内环锥度与装配间隙。本章主要针对这七个主要因素进行分析。

7.1　加工偏差

外环和内环的加工偏差导致实际过盈量与设计过盈量之间产生偏差，容易导致如下问题：偏大的过盈量容易产生应力集中；偏小的过盈量无法保证过盈连接的可靠性[87]。评价过盈配合性能的主要因素包括应力、接触压力和承载扭矩等，这些参数在试验中难以测量，因此有限元法被越来越多地用于相关研究中[96~98]。根据加工偏差建立加工偏差模型，利用有限元软件 ABAQUS 对各加工偏差模型的装配进行模拟，分析加工偏差对锁紧盘应力、接触压力和承载扭矩的影响。

锁紧盘在装配时，通过拧紧内环短端面螺栓，将螺栓的轴向力转化为径向力，外环和内环形成过盈配合，同时内环与轴套、轴套与轴表面相互压紧，锁紧盘组件之间产生摩擦力，以传递额定扭矩，达到连接组件的作用。工作时外环与内环长圆锥面起主要过盈连接作用，长圆锥面的过盈量对于主轴与轴套接触面的接触压力具有重要影响。

对于外环与内环接触面，这里仅讨论长圆锥面。加工偏差主要对图 7－1 中点 A、B、C、D 的尺寸产生影响，各点设计尺寸分别为 d_A、d_B、d_C、d_D。选取某型号锁紧盘，其外环和内环直径方向加工尺寸的偏差为 ±0.062mm。根据加工偏差建立 4 种加工偏差模型，见表 7－1。其中，模型 1 为设计尺寸。

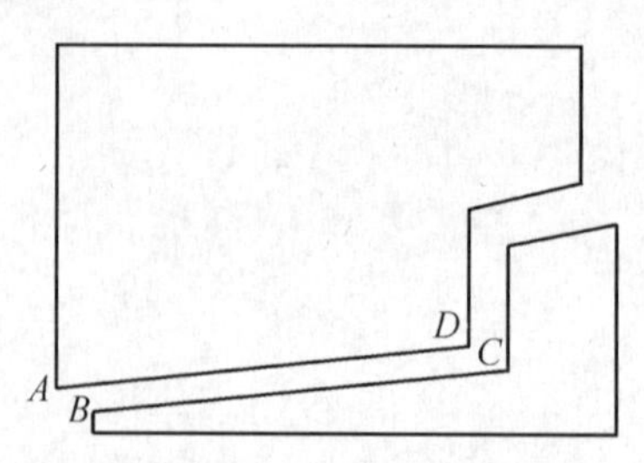

图 7－1　加工偏差示意图

表 7-1 各模型加工偏差

模 型	左 端	右 端
1	d_A, d_B	d_C, d_D
2	$d_A+0.062$, $d_B-0.062$	$d_C-0.062$, $d_D+0.062$
3	$d_A-0.062$, $d_B+0.062$	$d_C+0.062$, $d_D-0.062$
4	$d_A+0.062$, $d_B-0.062$	$d_C+0.062$, $d_D-0.062$
5	$d_A-0.062$, $d_B+0.062$	$d_C-0.062$, $d_D+0.062$

7.1.1 有限元模型

考虑到锁紧盘的几何对称性以及各组件受载的对称性，采用有限元分析软件 ABAQUS 建立了二维轴对称模型。内环与轴套接触面、轴套与主轴接触面选取最小配合间隙。模型采用 4 节点轴对称减缩积分单元 CAX4R，接触算法采用罚函数法[75]。外环、内环、轴套和主轴的网格尺寸分别为 2mm、1mm、2mm 和 2mm。考虑实际工况，内环右端施加轴向约束，轴套左端和主轴右端施加固定约束。

各接触对定义为有限滑动，外环与内环接触面的摩擦系数设定为 0.09（涂有二硫化钼润滑脂），内环与轴套接触面、轴套与主轴接触面的摩擦系数设定为 0.15。外环、内环和主轴材料的弹性模量为 210GPa，轴套材料的弹性模量为 180GPa，各组件材料的泊松比均为 0.3。装配完成后，外环沿轴向方向向右移动 23.6mm。外环与内环接触面的过盈量为 2.474mm。模型各尺寸参数见表 7-2（变量定义见图 7-2 标注）。

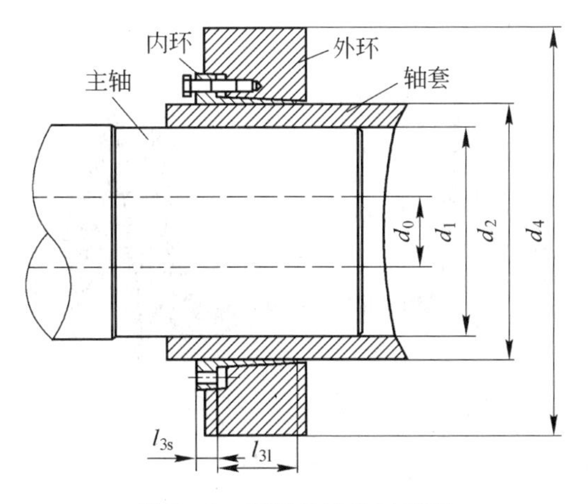

图 7-2 锁紧盘结构示意图

表 7-2 模型基本参数

基本参数	d_0	d_1	d_2	d_4	l_{31}	l_{3s}
数值/mm	60	520	640	1020	210	54

7.1.2 Von Mises 应力

锁紧盘使用过程中需要多次拆装以对其进行维护，保证各组件不发生塑性变形。对于圆筒，无论是其外侧或内侧受压力作用，最大应力总是发生在圆筒内侧。本节选取圆筒内壁轴向的节点分析各组件的 Von Mises 应力。图 7-3～图 7-6 分别为外环、内环、轴套和主轴的 Von Mises 应力分布，横坐标表示轴向距离、纵坐标表示 Von Mises 应力。

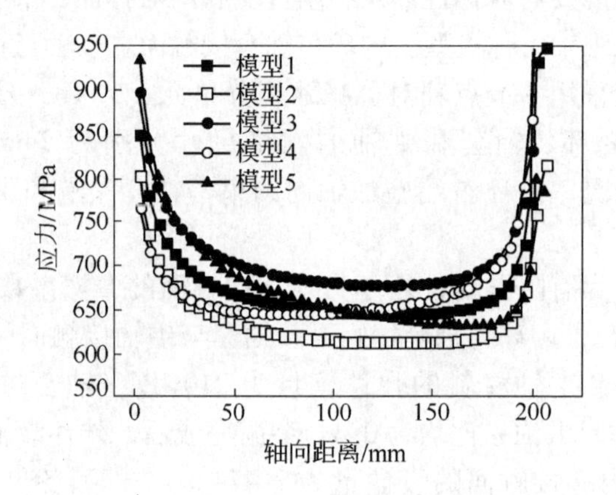

图 7-3 外环 Von Mises 应力分布

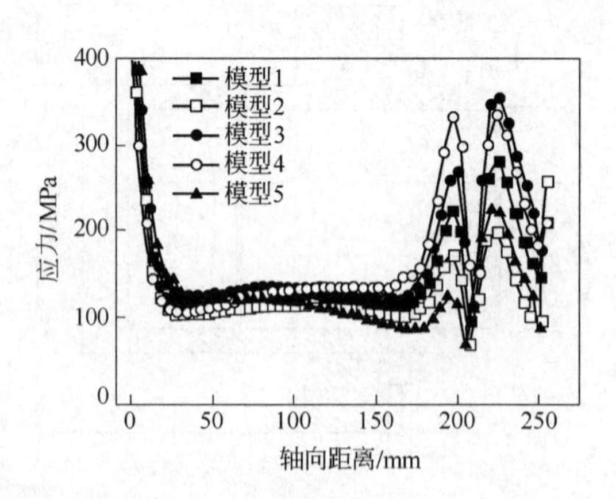

图 7-4 内环 Von Mises 应力分布

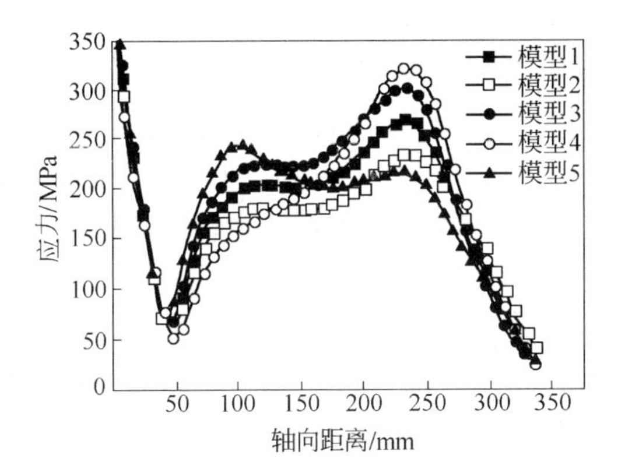

图7－5　轴套 Von Mises 应力分布

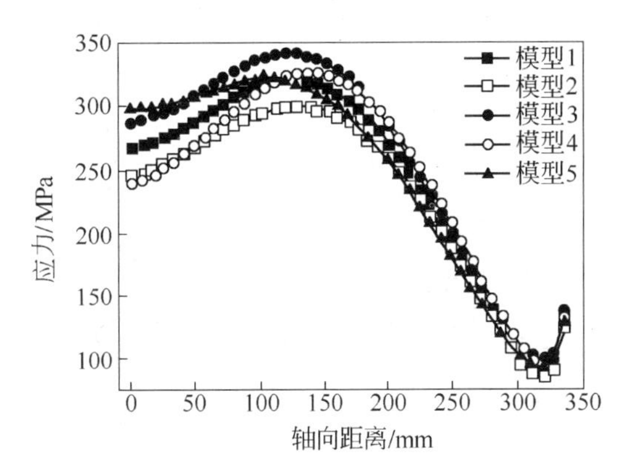

图7－6　主轴 Von Mises 应力分布

由图7－3～图7－6可知：各个模型的过盈量轴向分布不同，Von Mises 应力的计算结果均有所不同。模型1、模型2和模型3的过盈量分布相似，大小不同。模型2中外环与内环接触面过盈量小于设计值（模型1），模型3中外环与内环接触面过盈量大于设计值（模型1）。如图7－3所示，模型1、模型2和模型3的 Von Mises 应力分布相似，模型3的计算结果最大、模型1次之、模型2最小。其中，模型3与模型2的差值达到75MPa。由此可知，过盈量与 Von Mises 应力正相关。

图7－5中同样有此分布规律。模型2、模型3与模型1的计算结果相似，差值均在25MPa左右。模型4外环与内环接触面左端的实际过盈量小于设计值、右端实际过盈量大于设计值；而模型5则相反。其计算结果的分布规律如图7－3和图7－5中模型4与模型5所示。并且在图7－5中，Von Mises 应力的分布差异较大，最大处差值达到100MPa。

内环长圆锥面相对短圆锥面刚度较小，装配时内环长圆锥面阶梯附近容易发生变形，产生应力波动，各模型计算结果在此处偏差最大，各模型最大与最小计算结果差值达到110MPa，如图7－4所示。主轴右端受到固定端约束，过盈量对其影响受到限制。因此，图7－6中各模型应力偏差主要集中在主轴左端，与设计尺寸（即模型1）的偏差维持在25MPa以内。

7.1.3　接触压力

锁紧盘在装配时，外环向内环方向移动，各接触面过盈配合，从而产生接触压力。接触压力对锁紧盘的性能有重要影响。加工偏差直接影响外环与内环接触面的过盈量，从而影响各接触面接触压力的大小和分布。图7－7～图7－9分别为内环、轴套和主轴的外表面接触压力分布，横坐标表示轴向距离，纵坐标表示接触压力。

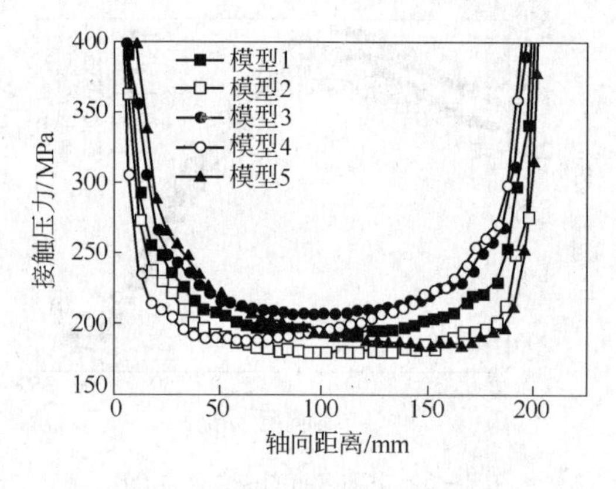

图7－7　内环与外环接触面的接触压力分布

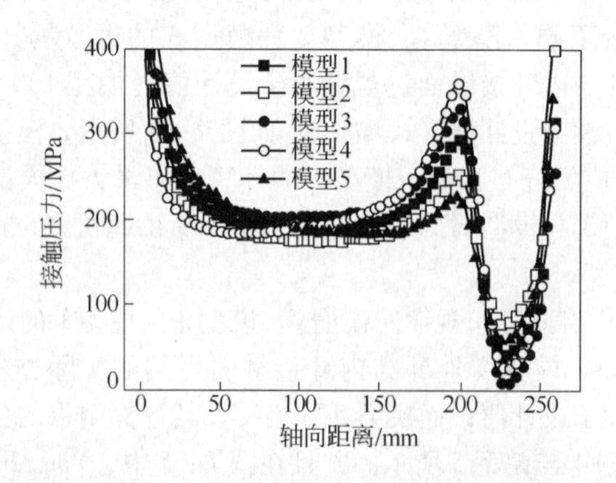

图7－8　轴套与内环接触面的接触压力分布

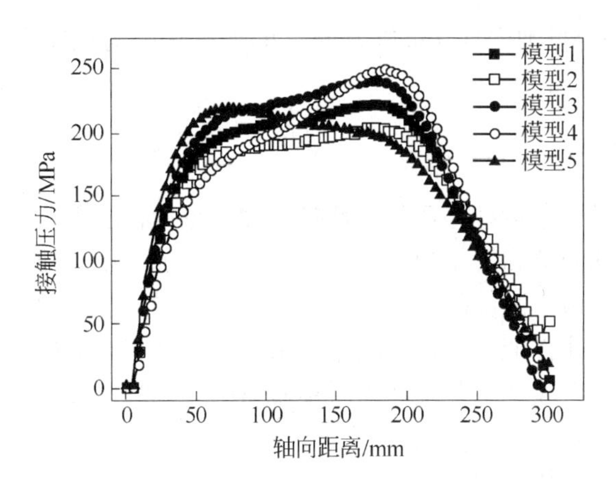

图7-9 主轴与轴套接触面的接触压力分布

由图7-7~图7-9可知：模型1、模型2和模型3的各组件表面的接触压力分布相似。模型3的各接触压力最大，模型1次之，模型2最小。模型3与模型2的接触压力在接触面中部区域达到25MPa以上。由于模型4和模型5的左右两端过盈量与设计过盈量存在偏差，因而造成模型4和模型5各个接触压力的分布不同，模型4呈左端低、右端高的趋势，模型5则是左端高、右端低。

7.1.4 承载扭矩

承载扭矩是衡量锁紧盘性能的主要参数，与接触压力、摩擦系数、接触面长度以及主轴直径有关。其计算公式见式（6-1）。

将轴套与主轴接触面接触压力曲线积分，结合式（6-1）即可求出锁紧盘承载扭矩 M。表7-3为各模型承载扭矩计算结果及其与模型1（设计尺寸）计算结果的相对误差。

表7-3 各模型承载扭矩计算结果及其与模型1的相对误差

模 型	扭矩/kN·m	相对误差/%
1	3082	0
2	2940	4.6
3	3228	4.7
4	3123	1.3
5	3042	1.3

由表7-3可知，加工偏差对锁紧盘承载扭矩的影响程度较小。模型2和模型3的承载扭矩与模型1（设计尺寸）的相对误差分别为4.6%、4.7%，均小于5%，满足工程要求。而模型4和模型5的承载扭矩与模型1的相对误差均为

1.3%。因此，一定范围内（±0.062mm）的加工偏差对锁紧盘承载扭矩的影响有限。

7.2　装配间隙

设计锁紧盘时除了设计外环与内环接触面过盈量，还需要设计轴与轴套、轴套与内环接触面的间隙，以便顺利装配。由于实际加工偏差的存在，各接触面装配间隙存在最大与最小间隙的配合情况，装配间隙对接触压力会有显著影响，从而影响锁紧盘的工作性能。实际情况中，采用理论计算方法研究装配间隙的影响较为不便，以实验手段评估装配间隙对锁紧盘的影响难以实现，采用有限元数值模拟的方法可以有效全面地进行分析[99]。因此，对装配间隙的分析方法与对加工偏差的分析方法大体相同。

以某型号锁紧盘尺寸建模计算，对长圆锥面的配合进行分析，提取各组件的 Von Mises 应力和组件间的接触压力。分析时设定内环与外环接触面的最大过盈量为定值，装配间隙根据各接触面的间隙状况提出两种加工模型，见表 7－4。模型 1 为各接触面最小间隙，模型 2 为各接触面最大间隙，表 7－4 中各组件接触面装配间隙的选取由机械设计手册查得。

表 7－4　装配间隙　（mm）

模　型	主轴与轴套	内环与轴套
1	0.022	0.08
2	0.136	0.24

7.2.1　有限元模型

基于锁紧盘结构和载荷的特点，为简化计算，按照轴对称问题来建模，将实体模型简化。由于对装配间隙的分析和对加工偏差的分析大体相同，两者的有限元模型参数设置大体相同，但两者的模型尺寸参数有所不同，所以外环向内环移动的装配行程为 27.5mm。锁紧盘网格划分、模型尺寸参数分别见图 7－10 和表 7－5。

表 7－5　模型尺寸参数

尺　寸	d_0	d_1	d_2	d_4	l_{31}	l_{3s}
数值/mm	120	560	700	1140	218	52

7.2.2　Von Mises 应力

选取圆筒内侧轴向节点分析各组件的 Von Mises 应力。图 7－11 ~ 图 7－14

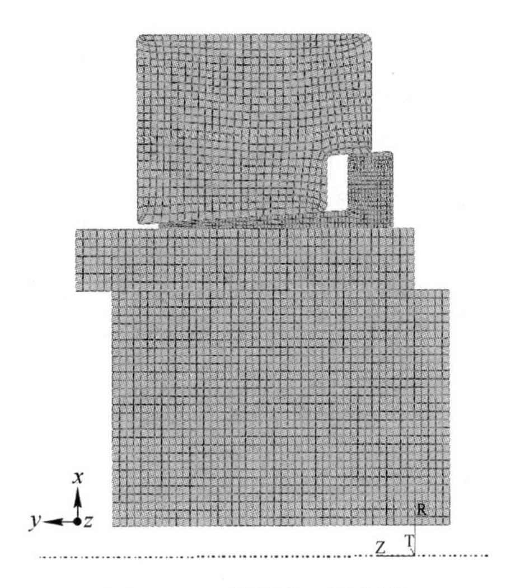

图 7 - 10　锁紧盘网格划分

分别为主轴、轴套、内环和外环的 Von Mises 应力分布，横坐标表示轴向距离，纵坐标表示 Von Mises 应力。

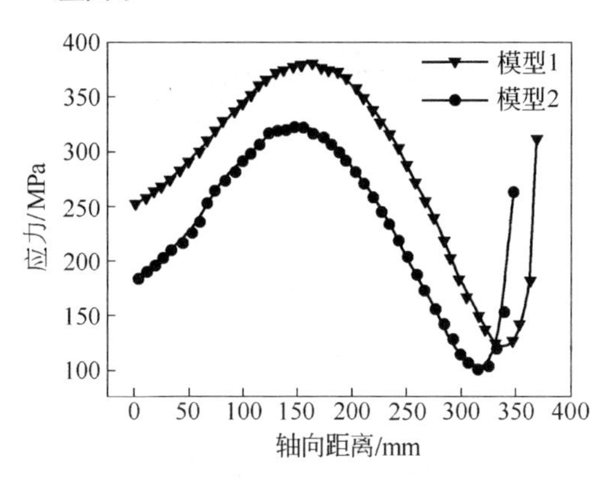

图 7 - 11　主轴内径 Von Mises 应力分布

由图 7 - 11 ~ 图 7 - 14 可知，虽然两个模型的过盈量轴向分布有所不同，Von Mises 应力沿轴向节点方向变化趋势基本相同。而对比某一轴向节点上两个模型 Von Mises 应力有如下结果：

图 7 - 11 中，同一轴向节点上模型 1（各接触面为最小间隙）与模型 2（各接触面为最大间隙）的 Von Mises 应力大，最大差值为 100MPa 左右；图 7 - 14 与图 7 - 11 分布规律相同，最大与最小差值为 100MPa 左右，主轴、外环的 Von Mises 应力与装配间隙成反比。

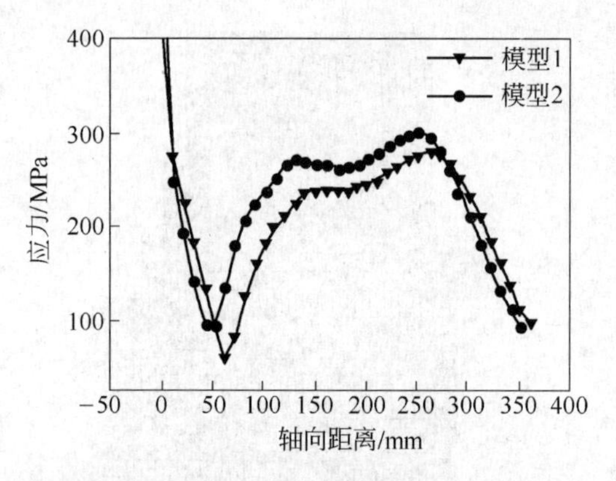

图 7－12　轴套内径 Von Mises 应力分布

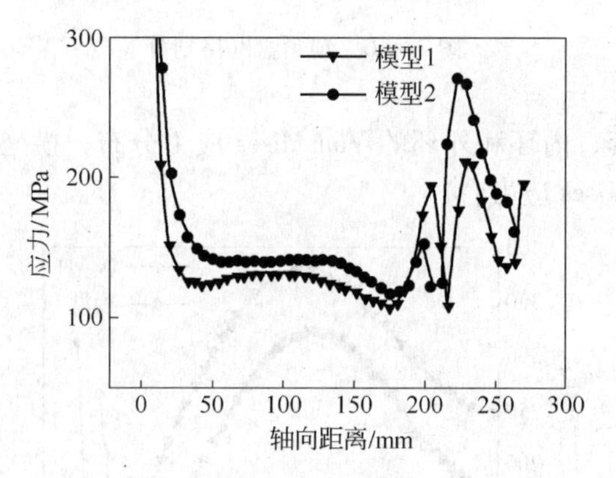

图 7－13　内环内径 Von Mises 应力分布

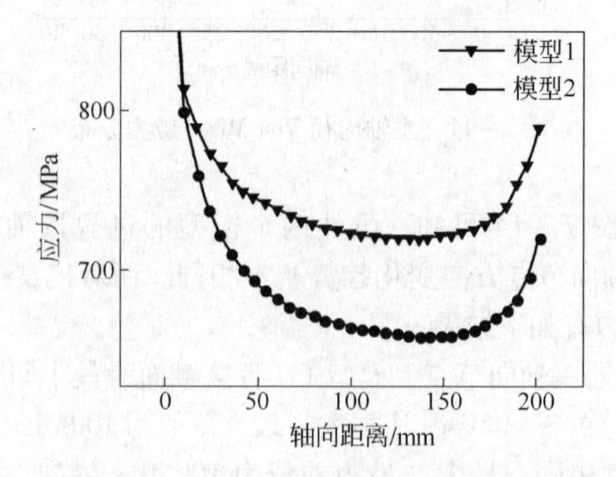

图 7－14　外环内径 Von Mises 应力分布

图7－12与图7－13的同一轴向节点上各模型Von Mises应力分布没有以上的规律，图7－12中两端同一轴向节点上各模型的Von Mises应力基本相同，中间相差较大，最大差值为50MPa。图7－13中左端同一轴向节点上的Von Mises应力相差较小，右端Von Mises应力相差较大，最大差值为100MPa。图7－14中左端同一轴向节点上的Von Mises应力相差较小，而中间区域Von Mises应力相差较大，最大差值为150MPa。

7.2.3 接触压力

图7－15～图7－17分别为内环、轴套和主轴的外表面接触压力分布，横坐标表示轴向距离，纵坐标表示接触压力。

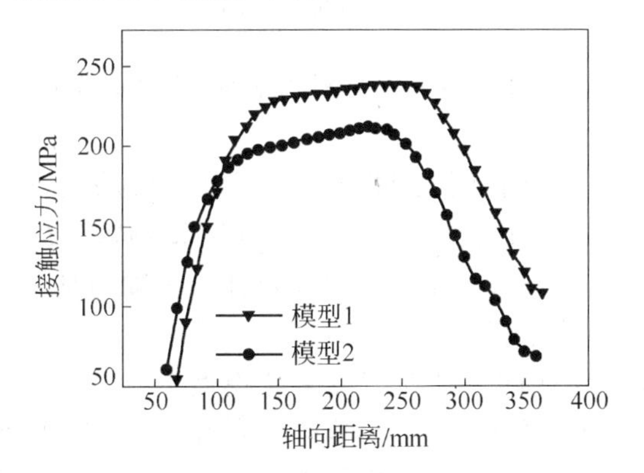

图7－15 主轴与轴套接触面接触压力分布

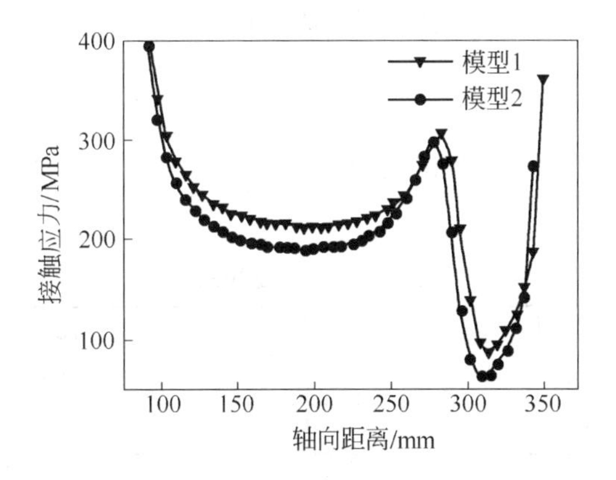

图7－16 轴套与内环接触面接触压力分布

由图7－15～图7－17可知，两个模型接触压力沿轴向变化趋势基本相同，而对比同一轴向节点上两个模型接触压力有如下结果：

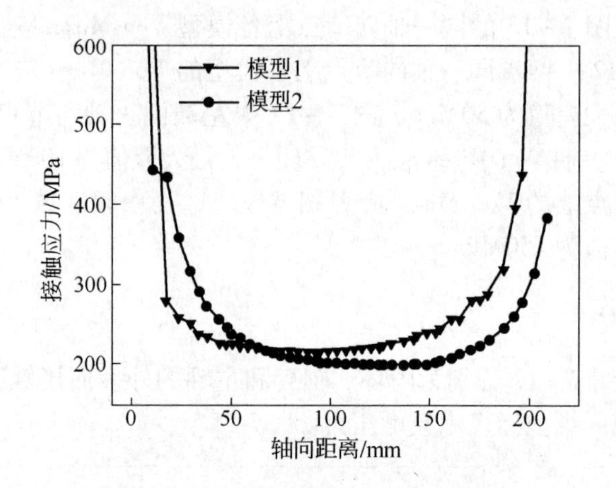

图 7－17　内环与外环长圆锥面接触压力分布

图 7－15 中，同一轴向节点上模型 1（各接触面为最小间隙）比模型 2（各接触面为最大间隙）的接触压力大，最大差值为 25MPa 左右。图7－16 与图 7－15 分布规律相同，最大差值也相同。由此可知，主轴与轴套、轴套与内环接触面接触压力与装配间隙成反比。

在图 7－17 中，左端同一轴向节点上从模型 1 到模型 2，接触压力逐渐升高，最大差值为 100MPa 左右。由此可知，各接触面的装配间隙与接触压力成反比。右端某一轴向节点上从模型 1 到模型 2，接触压力逐渐降低，最大差值为 100MPa 左右。由此可知，内环与外环长圆锥面接触面左端的接触压力与装配间隙成正比，右端的接触压力与装配间隙成反比。

7.2.4　承载扭矩

按照式（6－1）计算承载扭矩 M。表 7－6 为模型 1 与模型 2 的承载扭矩计算结果。

表 7－6　承载扭矩对比

模　　型	扭矩/kN · m
模型 1	4345.72
模型 2	3688.48

由表 7－4 和表 7－6 可知，装配间隙与承载扭矩成反比，模型 1 与模型 2 传递的扭矩相差较大，差值达 657.24kN · m。由此可知，装配间隙对 Von Mises 应力、接触压力和承载扭矩有显著影响，会极大地影响锁紧盘工作性能。因此，在设计装配间隙时，需合理考虑并提高实际加工精度，否则可能导致锁紧盘失效。

7.3 温度

过盈量是设计锁紧盘的关键参数，因而对其精度要求较高。锁紧盘在实际工作中处于非均匀温度场，各零件内外表面温度相差较大，这种温差对各接触面接触压力以及承载性能具有较大影响。传统设计方法在计算过盈量时，通常忽略温度的影响，会导致锁紧盘在实际中不能满足工作要求。因此，本节通过有限元软件 ABAQUS 来研究工况温度对锁紧盘的影响，并对结果进行分析。

7.3.1 有限元模型

ABAQUS 可以求解四种类型的热分析问题[100]：非耦合传热分析、顺序耦合热应力分析、完全耦合热应力分析和绝热分析。本文研究的模型属于第二种问题，在完成模型装配的基础上，需要对模型进行温度场分析；然后再以温度场结果文件作为已知条件，进行热应力分析，得到应力应变场。建模方法与第 5 章类似，不再介绍，其传热建模步骤如下：

（1）模型根据表 5－4 基本尺寸创建部件，步骤与第 5 章相同。

（2）装配过程中位移变化的分析步为 Static，General。在这一基础上添加热传导分析步为 Coupled temp－displacement，并设置为稳态分析，最大增量步数为 100，最大增量步为 1。

（3）在设置材料属性时，各组件需要添加的导热系数为 48W/(m·K)，比热容为 480J/(kg·K)。由于外环和内环形状不规则，在划分网格时采用 Quad－dominated，即网格中主要使用四边形单元，并设置为 Coupled temp－displacement 类型。

（4）定义接触面需要在新分析步中设置，定义外环外表面与主轴内表面的换热系数为 23W/(m·K)，定义组件内部接触面的换热系数为 48W/(m·K)。

（5）载荷设置中，设定外环外表面温度为 30℃，主轴内表面温度为 0℃。分析后的温度分布情况如图 7－18 所示。

然后进行热应力分析，建模时应注意以下几点：在设置材料属性时，各组件需要添加的线膨胀系数为 1.1×10^{-5}/℃；分析步设置为 Static，General 类型，最大增量步数为 100，最大增量步为 1；划分网格时采用 Quad－dominated，即网格中主要使用四边形单元；在加载过程中，导入热传导分析的结果（图 7－18），最后提交运算。

7.3.2 结果与讨论

经过上述建模步骤，得出 Von Mises 应力分析结果（图 7－19～图 7－22），以及接触压力分析结果（图 7－23～图 7－25）。

由图 7－19～图 7－22 可以看出：锁紧盘各组件 Von Mises 应力的分布规律

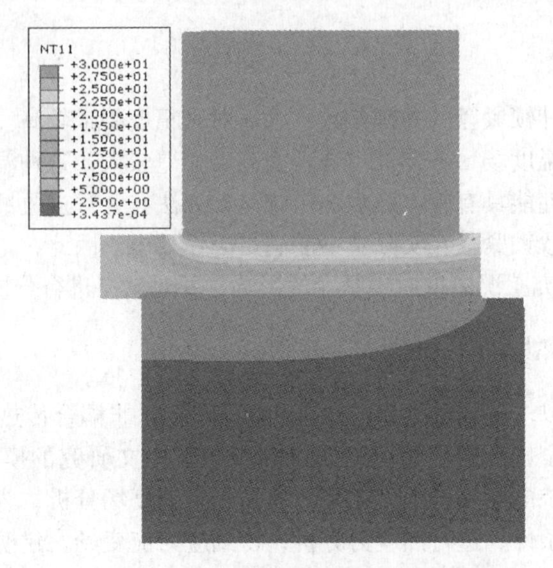

图 7－18　锁紧盘温度分布情况

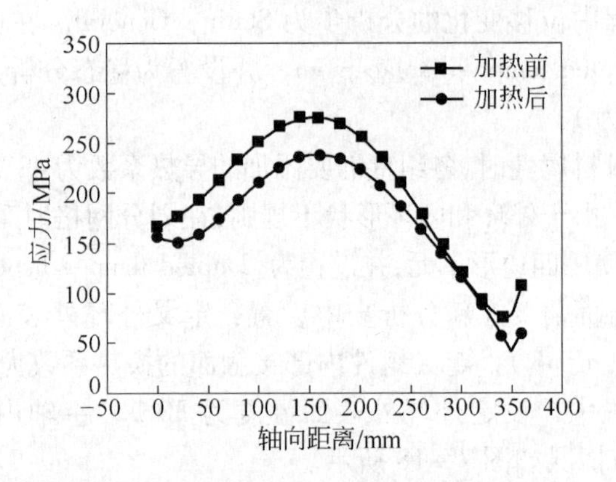

图 7－19　主轴内径 Von Mises 应力分布

受温度影响较小，但是加热后各接触面的 Von Mises 应力都有不同程度的减小，主轴与轴套中间区域变化较大，减小了约 50MPa 左右；而温度对内环与外环影响较小，减小了约 20MPa 左右。

由以上数据可以得出结论：在高温情况下，各组件的 Von Mises 应力会有不同程度的降低；在温度升高情况下，锁紧盘各组件的 Von Mises 应力将会降低。与之相反，当锁紧盘在低温工况下运行时，Von Mises 应力可能会超过材料的许用应力，造成组件的失效。

由图 7－23～图 7－25 可以看出：锁紧盘在高温情况下，各接触面的接触压

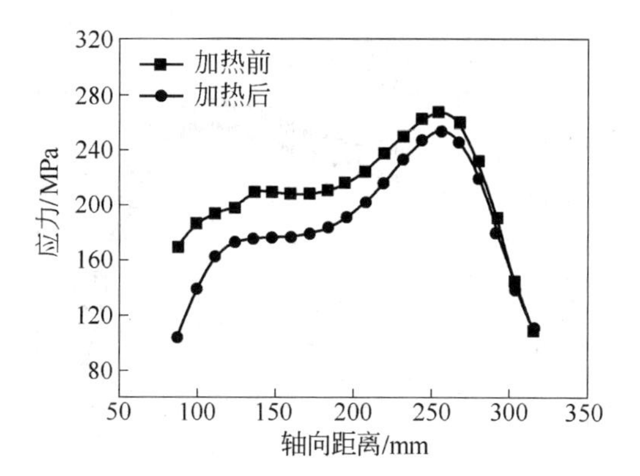

图7-20 轴套内径 Von Mises 应力分布

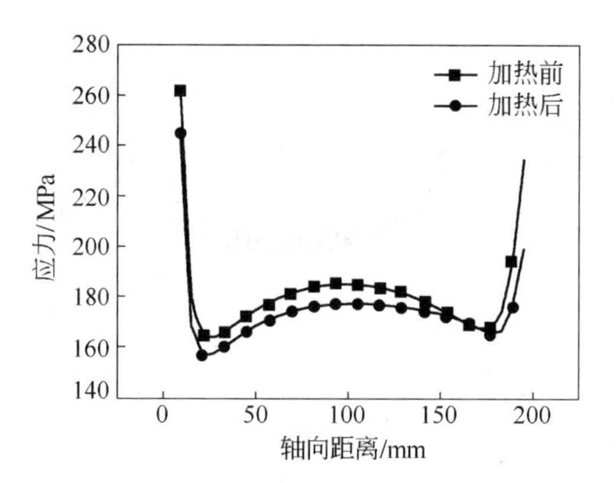

图7-21 内环内径 Von Mises 应力分布

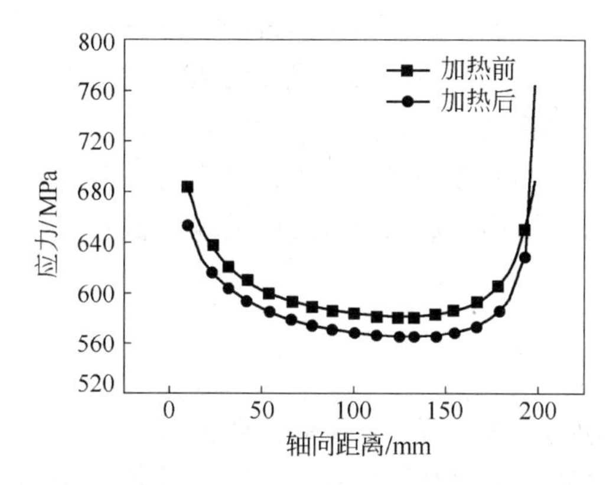

图7-22 外环内径 Von Mises 应力分布

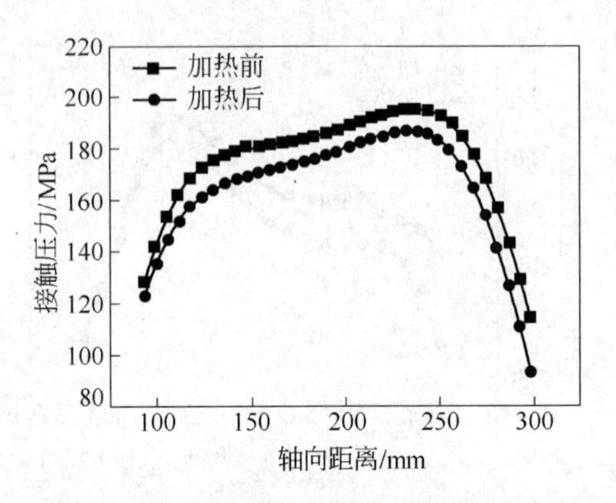

图 7－23　主轴与轴套接触面接触压力分布

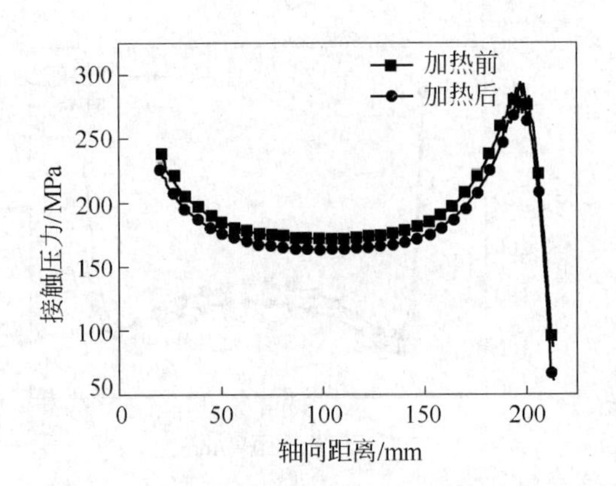

图 7－24　轴套与内环接触面接触压力分布

力有不同程度的减小，可能导致锁紧盘因接触压力小而不能传递额定扭矩，造成接触面发生滑移扭动。若锁紧盘工况温度大于模型中设定的 30℃，则接触压力减小的幅度会更大，对锁紧盘的性能有更大的影响。

综上所述，温度对锁紧盘的影响较大，温度与各组件的 Von Mises 应力和接触压力成反比。实际运行中，应采取合理的措施控制工况温度，以减小其对锁紧盘性能的影响。

7.4 离心力

锁紧盘工况转速与叶片同步，虽然转速较低，但是锁紧盘半径较大，产生的离心力较大。关于离心力对诸如锁紧盘这样的多层圆筒结构影响的研究较少。有必要用有限元软件模拟，研究离心力对锁紧盘的影响。

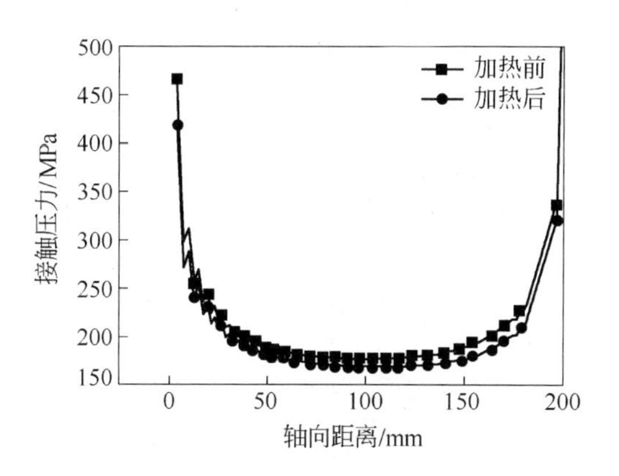

图 7－25　内环与外环长圆锥面接触压力分布

7.4.1　有限元模型

如果对旋转情况进行模拟分析，需要进行三维实体建模，计算量较大，花费时间较长。在前面的二维剖面模拟结果中发现：由于两端受约束与边缘效应的影响，锁紧盘各组件的中间区域数据最为理想。因此为简化计算，本小节选取锁紧盘的中间横截面进行模拟。建模步骤如下：

（1）以表 7－2 所示尺寸进行建模，材料的设定与 7.2 节相同。

（2）在装配步中，在主轴上设定一个参考点 RP－2。

（3）在接触面的设置中，将参考点 RP－2 与主轴进行耦合，然后定义各接触面，设置与 7.2 节相同（图 7－26）。

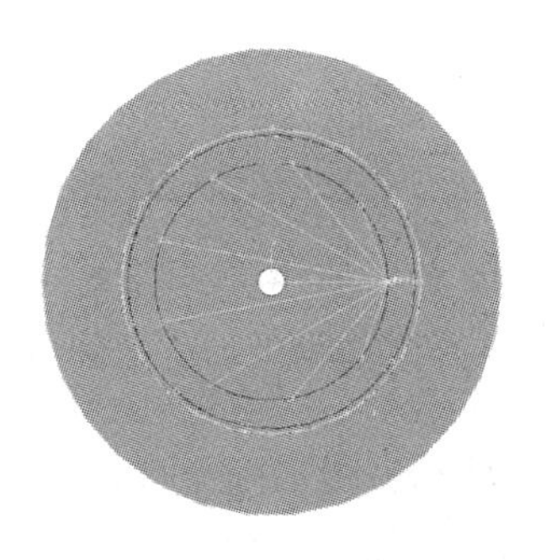

图 7－26　锁紧盘接触面设置

（4）在加载步中，设定参考点 RP－2 的转速，也就是主轴的转速。

（5）网格划分与 7.2 节相同，最后对模型进行分析计算。

7.4.2　结果与讨论

锁紧盘 Von Mises 应力云图如图 7 - 27 所示，由于建模采用的是横截面尺寸，只提取该截面节点的数据。因为过盈连接装配使接触面周向都均匀受力，只需提取各接触面的任意一点数据即可，数据见表 7 - 7 和表 7 - 8。

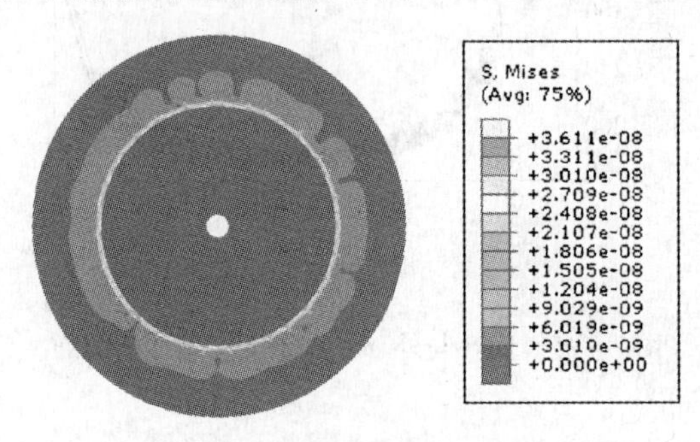

图 7 - 27　锁紧盘 Von Mises 应力云图

表 7 - 7　不同转速下各组件的 Von Mise 应力

转速/$r \cdot min^{-1}$	主轴/MPa	轴套/MPa	内环/MPa	外环/MPa
0	274.5	206.8	123.7	675.1
50	266.4	199.1	114.4	663.8
100	259.8	190.2	103.1	651.5

表 7 - 8　不同转速下各接触面的接触压力

转速/$r \cdot min^{-1}$	主轴与轴套接触面/MPa	轴套与内环接触面/MPa	内环与外环接触面/MPa
0	216.9	217.6	219.4
50	207.3	205.4	215.9
100	195.5	194.1	203.4

由表 7 - 7 可知，各组件的 Von Mise 应力随着转速的增大而减小，而且由内向外较小幅度地增加，具体到某一组件时，增大相同的转速，Von Mise 应力减小的幅值也会相应增大。

由表 7 - 8 可知，各组件的接触压力随着转速的增大而减小，而且由内向外较小幅度地增加。可见，在离心力的作用下，接触压力会有部分损失，可能会影响接触面的连接性能。因此，在设计锁紧盘时应考虑离心力对锁紧盘的影响。

7.5　摩擦系数

对于锁紧盘来说，在设计时要求接触面承载压强介于材料最小承载压强和最大承载压强之间，保证各组件既不发生塑性变形又能传递额定扭矩。选取过大的摩擦系数会使计算所得螺栓拧紧力矩大于实际所需值，造成螺栓杆和螺纹塑性变形或断裂；选取过小的摩擦系数会使计算所得螺栓拧紧力矩小于实际所需值，使得外套达不到设计行程，导致主轴不能传递额定扭矩。基于此，本节给出了各接触面的摩擦系数、最大承载压强、最小承载压强以及实际承载压强的影响，如图7－28～图7－30所示。

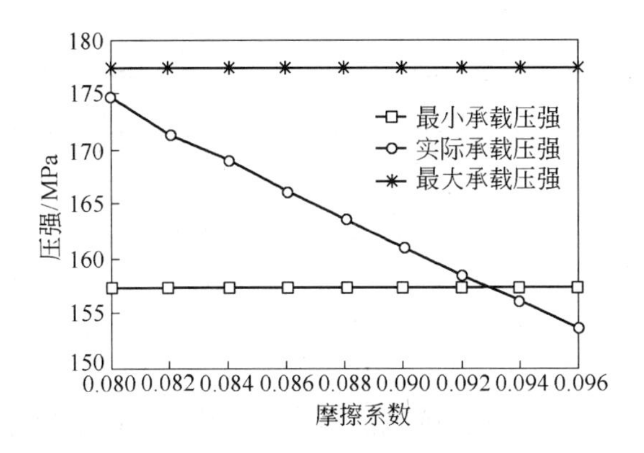

图7－28 主轴与轴套接触面摩擦系数

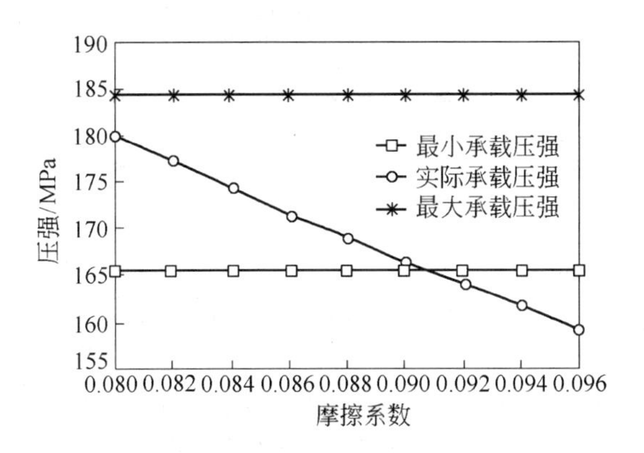

图7－29 轴套与内环接触面摩擦系数

由图7－28～图7－30可以看出，摩擦系数对各接触面实际承载压强影响较大，成反比关系，最大、最小承载压强分别是由传递额定扭矩与材料屈服强度计算，因此不受摩擦系数的影响，只是为了给出锁紧盘的安全摩擦系数范围。综合各接触面可以得出结论：在风电锁紧盘的设计过程中，建议各接触面摩擦系数选取在0.085～0.092范围内是安全合理的。

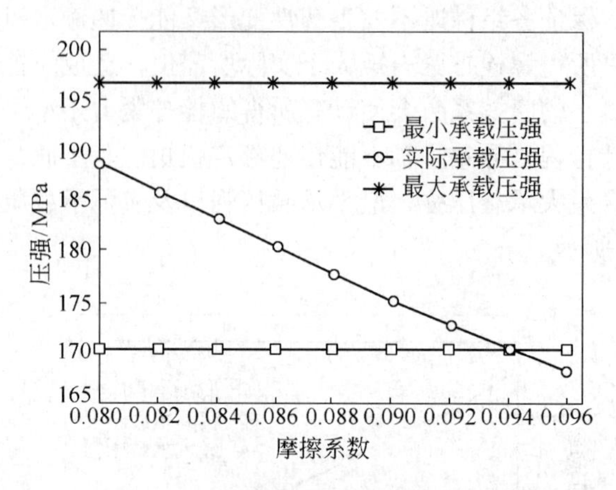

图7－30　内环与外环接触面摩擦系数

7.6　内环锥度

通过设定锁紧盘最大与最小间隙尺寸，分析内环不同锥度对各个接触面压力的影响的规律，结果如图7－31～图7－33所示。

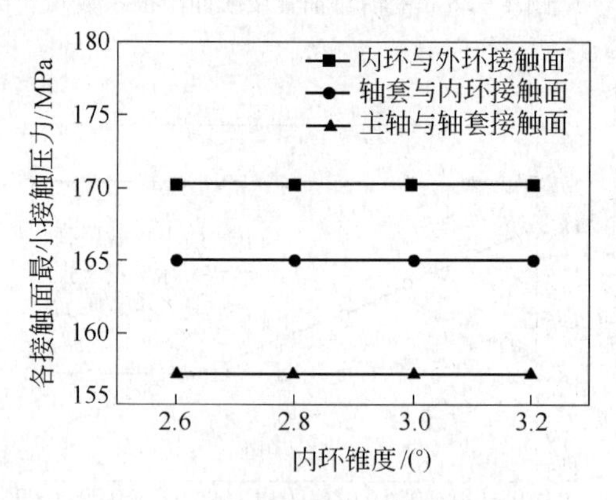

图7－31　轴套校核各接触面所需最小接触压力与锥度的关系

通过对锁紧盘模型在锥度分别采用2.6°、2.8°、3.0°、3.2°时计算分析，可得出以下结论：

（1）由图7－31可以看出：改变锥度对于轴与轴套、轴套与内环接触面间所需最小压力无影响，对于内环与外环接触面间所需最小接触压力有影响，但影响很小。

（2）由图7－32可以看出：改变锥度对于轴与轴套、轴套与内环接触面间

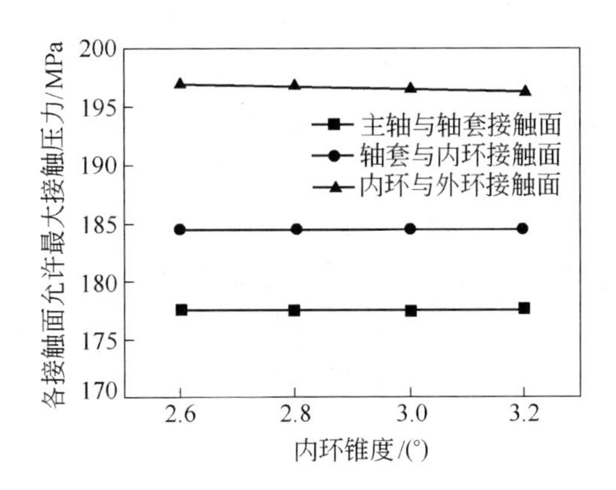

图 7-32 轴套校核各接触面允许
最大接触压力与锥度的关系

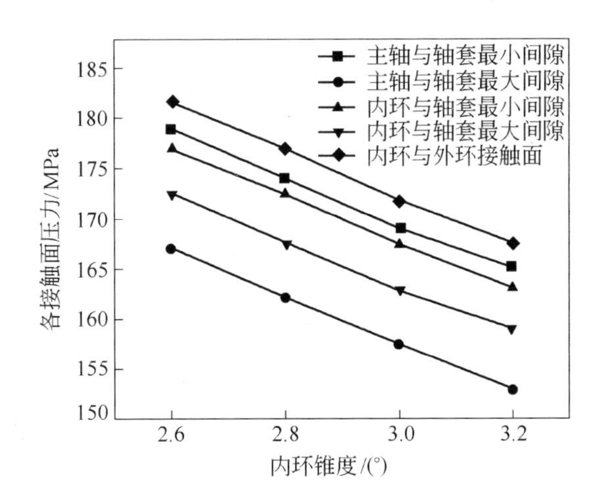

图 7-33 按螺栓拧紧各接触面压力与锥度的关系

所允许最大接触压力无影响，对于外环与内环接触面所允许最大接触压力有影响，随着内环锥度的增大，内环与外环接触面所允许的最大接触压力减小，当锥度增大 0.2 时，最大接触压力减小约 0.42MPa。

（3）由图 7-33 可以看出：改变锥度对于螺栓拧紧在各接触面间产生的压力影响较大。相同条件下，锥度越小，螺栓拧紧在各接触面间产生的压力越大；反之，锥度越大，则各接触面间产生的压力越小。当内环锥度增大 0.2 时，轴与轴套接触面的压力减小 4.34 ~ 4.92MPa，轴套与内环接触面压力减小 4.26 ~ 4.84MPa。

7.7 装配次数

锁紧盘工作的过程中通常会定期拆卸，然后进行装配，若锁紧盘各组件靠近内表面区域的应力达到材料的屈服极限，各组件内表面就会发生塑性变形，不能弹回，再次装配时可能达不到锁紧盘所要求的性能。另外，反复的拆卸会导致接触面的粗糙度减小，摩擦系数降低，从而导致实际过盈量与设计过盈量存在偏差，对应力、接触压力大小和分布产生影响。因此，对于锁紧盘需要再次装配时，应考虑到上述因素对其性能造成的影响。

8 考虑温度与离心力的锁紧盘设计计算

本章给出了锁紧盘在温度与离心力的作用下接触压力与过盈量的计算方法。其主要内容为：推导了受热与旋转时圆筒的径向位移求解公式，在第4章位移边界条件算法的基础上，给出了考虑温度与离心力时锁紧盘的设计计算模型，并通过过盈量得出的各关键点尺寸进行数值模拟，以验证解析计算的正确性。

8.1 基础理论的推导

8.1.1 温度产生的径向位移计算

几乎所有的工程问题某种程度上都与热有关，如焊接、铸造、各种冷热加工过程、高温环境中的热辐射、通电线圈的发热现象、内燃机、涡轮机、换热器、管路系统、电子元件等。

实际工作中，锁紧盘各零件必然也存在热应力以及热膨胀问题，根据传热问题的类型和边界条件的不同，可以将热分析分为如下几种类型：与时间无关的稳态热分析和与时间有关的瞬态热分析；材料参数和边界条件不随温度变化的线性传热；材料和边界条件对温度敏感的非线性传热（如相变潜热、辐射、强迫对流等）；包含温度影响的多场耦合问题。

传统的圆筒热变形计算是直接利用线性膨胀公式，忽略了圆筒受热后热应力引起的变形。当圆筒受到热应力时，其变形量应是线性膨胀量与热应力所产生的应变之和。

8.1.1.1 圆筒的温度分布公式推导

从导热物体中任意取出一个微元平行六面体来做该微元体能量收支平衡的分析（图8－1）。该物体中有内热源，其值为$\dot{\Phi}$，代表单位时间内单位体积中产生或消耗的热能（产生取正号、消耗取负号），单位为W/m^3。假定导热物体的热物理性质是温度的函数。

空间任一点的热流量矢量可以分解为三个坐标方向的分量：x、y、z坐标轴方向的分热流量，如图8－1中Φ_x、Φ_y和Φ_z所示。通过$x=x$、$y=y$、$z=z$三个微元表面热导入微元体的热流量，可根据傅立叶定律写出：

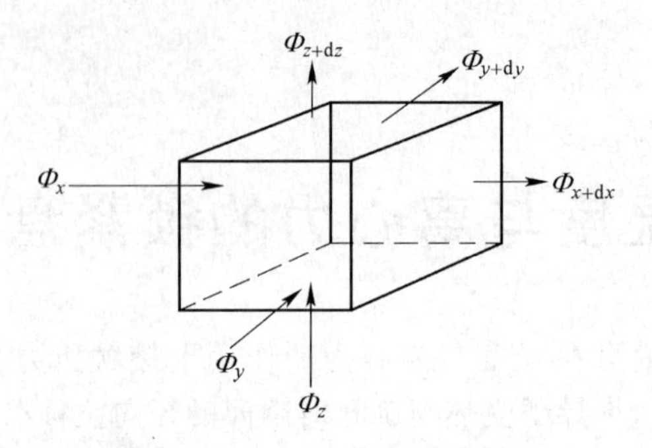

图 8-1 微元体的导热热平衡分析

$$\begin{cases} (\Phi_x)_x = -\lambda\left(\dfrac{\partial t}{\partial x}\right)_x \mathrm{d}y\mathrm{d}z \\ (\Phi_y)_y = -\lambda\left(\dfrac{\partial t}{\partial y}\right)_y \mathrm{d}x\mathrm{d}z \\ (\Phi_z)_z = -\lambda\left(\dfrac{\partial t}{\partial z}\right)_z \mathrm{d}x\mathrm{d}y \end{cases} \tag{8-1}$$

式中，$(\Phi_x)_x$ 表示热流量在 x 方向的分量 Φ_x 在 x 点的值，其余类推。通过 $x=x+\mathrm{d}x$、$y=y+\mathrm{d}y$、$z=z+\mathrm{d}z$ 三个表面热导出微元体的热流量，也可按傅立叶定律写出如下公式：

$$\begin{cases} (\Phi_x)_{x=x+\mathrm{d}x} = (\Phi_x)_x + \dfrac{\partial \Phi_x}{\partial x}\mathrm{d}x = (\Phi_x)_x + \dfrac{\partial}{\partial x}\left[-\lambda\left(\dfrac{\partial t}{\partial x}\right)_x \mathrm{d}y\mathrm{d}z\right]\mathrm{d}x \\ (\Phi_y)_{y=y+\mathrm{d}y} = (\Phi_y)_y + \dfrac{\partial \Phi_y}{\partial y}\mathrm{d}y = (\Phi_y)_y + \dfrac{\partial}{\partial y}\left[-\lambda\left(\dfrac{\partial t}{\partial y}\right)_y \mathrm{d}x\mathrm{d}z\right]\mathrm{d}y \\ (\Phi_z)_{z=z+\mathrm{d}z} = (\Phi_z)_z + \dfrac{\partial \Phi_z}{\partial z}\mathrm{d}z = (\Phi_z)_z + \dfrac{\partial}{\partial z}\left[-\lambda\left(\dfrac{\partial t}{\partial z}\right)_z \mathrm{d}x\mathrm{d}y\right]\mathrm{d}z \end{cases} \tag{8-2}$$

对于微元体，按照能量守恒定律，在任一时间间隔内有以下热平衡关系：

$$Q_1 + W_1 = Q_2 + W_2 \tag{8-3}$$

式中 Q_1——导入微元体的总热流量；

W_1——微元体内热源的生成热；

Q_2——导出微元体的总热流量；

W_2——微元体热力学能（即内能）增量。

其中：

$$W_1 = \dot{\Phi}\mathrm{d}x\mathrm{d}y\mathrm{d}z \tag{8-4}$$

$$W_2 = \rho c\,\frac{\partial t}{\partial \tau}\mathrm{d}x\mathrm{d}y\mathrm{d}z \tag{8-5}$$

式中 ρ，c，$\dot{\Phi}$，τ——分别为微元体的密度、比热容、单位时间内单位体积中内热源的生成热及时间。

将式（8－1）、式（8－2）、式（8－4）及式（8－5）代入式（8－3），经整理得：

$$\rho c\frac{\partial t}{\partial \tau}=\frac{\partial}{\partial x}\left(\lambda\frac{\partial t}{\partial x}\right)+\frac{\partial}{\partial y}\left(\lambda\frac{\partial t}{\partial y}\right)+\frac{\partial}{\partial z}\left(\lambda\frac{\partial t}{\partial z}\right)+\dot{\Phi}_1 \tag{8-6}$$

式（8－6）为笛卡尔坐标系中三维非稳态导热微分方程的一般形式，其中 ρ、c、$\dot{\Phi}$ 及 λ 均可以是变量。本章所运用模型的特点是常物性、无内热源、稳态。针对具体情形导出上式的相应简化形式。因此，式（8－6）可以简化成为以下拉普拉斯方程[101]：

$$\frac{\partial^2 t}{\partial x^2}+\frac{\partial^2 t}{\partial y^2}+\frac{\partial^2 t}{\partial z^2}=0 \tag{8-7}$$

采用圆柱坐标系（r，φ，z），该问题就成为沿半径方向的一维导热问题[102]。为便于分析，先假设材料的导热系数 λ 等于常数。根据式（8－7）可换成极坐标形式：

$$\frac{\mathrm{d}}{\mathrm{d}r}\left(r\frac{\mathrm{d}t}{\mathrm{d}r}\right)=0 \tag{8-8}$$

此方程与相应的边界条件为：

$$r=r_1,t=t_\mathrm{a}$$

$$r=r_2,t=t_\mathrm{b}$$

对式（8－8）连续积分两次，得其通解为：

$$t=c_1\ln r+c_2$$

式中，c_1 和 c_2 由边界条件确定。将边界条件代入通解式，联解得：

$$c_1=\frac{t_\mathrm{b}-t_\mathrm{a}}{\ln(r_2/r_1)},c_2=t_1-\ln r_1\frac{t_\mathrm{b}-t_\mathrm{a}}{\ln(r_2/r_1)}$$

将 c_1、c_2 代入通解式的温度分布为[103]：

$$t=t_\mathrm{a}+\frac{t_\mathrm{b}-t_\mathrm{a}}{\ln(r_2/r_1)}\ln(r/r_1) \tag{8-9}$$

8.1.1.2 热应力引起的位移推导

物体温度发生变化，由不能自由伸缩的其他物体之间或是物体内部各部分之间相互约束所产生的应力称为热应力，属于非外力作用引起的应力。导致热应力的根本原因是温度变化与约束作用。其中，约束作用归纳为三种形式，即外部变形约束、相互变形约束、内部各部分间的约束。

圆筒极坐标示意图如图 8－2 所示，根据热应力与位移的关系可知：

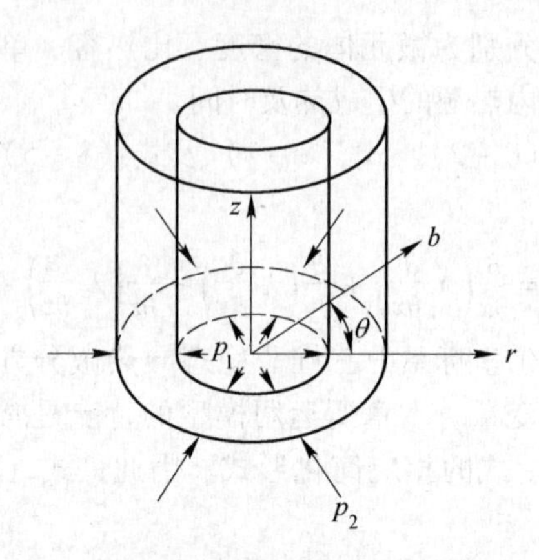

图8-2 圆筒极坐标示意图

$$
\begin{cases}
\sigma_\rho = E/(1+\nu)[(1-\nu)/(1-2\nu)(\partial u_\rho/\partial_\rho) + \nu/(1-2\nu)(u_\rho/\rho + \partial u_z/\partial z)] - \\
\quad (\alpha E t)/(1-2\nu) \\
\sigma_\theta = E/(1+\nu)[(1-\nu)/(1-2\nu)u_\rho/\rho + \nu/(1-2\nu)(\partial u_\rho/\partial\rho + \partial u_z/\partial z)] - \\
\quad (\alpha E t)/(1-2\nu) \\
\sigma_z = E/(1+\nu)[(1-\nu)/(1-2\nu)(\partial u_z/\partial z) + \nu/(1-2\nu)(\partial u_\rho/\partial r + u_\rho/\rho)] - \\
\quad (\alpha E t)/(1-2\nu)
\end{cases}
\tag{8-10}
$$

式中 E——材料的弹性模量；

v——材料的泊松比；

α——材料的膨胀系数；

t——圆筒内部的温度系数；

u_ρ，u_z——分别为圆筒任意一点的径向和轴向位移；

σ_ρ，σ_θ，σ_z——分别为圆筒任意一点的径向应力、周向应力、轴向应力。

由应力分量表示的平衡微分方程为：

$$
\begin{cases}
\dfrac{\partial\sigma_\rho}{\partial\rho} + \dfrac{\partial\tau_{z\rho}}{\partial z} + \dfrac{\sigma_\rho - \sigma_\theta}{\rho} = 0 \\
\dfrac{\partial\tau_{z\rho}}{\partial\rho} + \dfrac{\partial\sigma_z}{\partial z} + \dfrac{\tau_{z\rho}}{\rho} = 0
\end{cases}
\tag{8-11}
$$

本章研究的圆筒温度场对称分布，属于轴对称问题，式(8-11)可简化为：

$$
\begin{cases}
\dfrac{\partial\sigma_\rho}{\partial\rho} + \dfrac{\sigma_\rho - \sigma_\theta}{\rho} = 0 \\
\dfrac{\partial\sigma_z}{\partial z} = 0
\end{cases}
\tag{8-12}
$$

然后将式（8－10）代入式（8－12）可得：

$$\begin{cases}\dfrac{\mathrm{d}^2u_z}{\mathrm{d}z^2}\approx\dfrac{\mathrm{d}\varepsilon_z}{\mathrm{d}z}\\ \dfrac{\mathrm{d}^2u_\rho}{\mathrm{d}\rho^2}+\dfrac{\mathrm{d}u_\rho}{\rho\mathrm{d}\rho}-\dfrac{u_\rho}{\rho^2}=\dfrac{1+\nu}{1-\nu}\alpha\dfrac{\mathrm{d}t}{\mathrm{d}\rho}\end{cases}\tag{8-13}$$

忽略圆筒在轴向的位移可得：$\varepsilon_z=\mathrm{d}u_z/\mathrm{d}z=0$，式（8－13）中上式为零，然后将下式两边积分可得：

$$u_\rho=\frac{1-\nu}{1+\nu}\cdot\frac{\alpha}{\rho}\int_a^\rho t\rho\mathrm{d}\rho+c_1\rho+\frac{c_2}{\rho}\tag{8-14}$$

将式（8－13）和式（8－14）代入式（8－10），并将 $\varepsilon_z=0$，得：

$$\sigma_\rho\approx\frac{E}{1+\nu}\left(\frac{c_1}{1-2\nu}-\frac{c_2}{\rho^2}-\frac{1+\nu}{1-\nu}\cdot\frac{\alpha}{\rho^2}\int_a^\rho t\rho\mathrm{d}\rho\right)\tag{8-15}$$

圆筒内外壁的边界条件为：

$$\sigma_{\rho|\rho=a}=\sigma_a,\sigma_{\rho|\rho=b}=\sigma_b$$

代入式（8－15）可得：

$$c_1=\frac{(1+\nu)(1-2\nu)}{E}\frac{\sigma_bb^2-\sigma_aa^2}{b^2-a^2}+\frac{(1+\nu)(1-2\nu)}{1-\nu}\frac{\alpha}{b^2-a^2}\int_a^bt\rho\mathrm{d}\rho$$

$$c_2=\frac{1+\nu}{1-\nu}\frac{a^2\alpha}{b^2-a^2}\int_a^bt\rho\mathrm{d}\rho-\frac{(1+\nu)(\sigma_a-\sigma_b)}{E}\frac{a^2b^2}{b^2-a^2}$$

由于第4章已经计算出接触压力引起的位移，式（8－15）中 σ_a 与 σ_b 取值为零，因此可将系数 c_1、c_2 化简并代入式（8－14）可得：

$$u_\rho=\frac{1+\nu}{1-\nu}\frac{\alpha}{\rho}\int_a^\rho t\rho\mathrm{d}\rho+\frac{(1+\nu)(1-2\nu)}{1-\nu}\cdot\frac{\alpha\rho}{b^2-a^2}\int_a^bt\rho\mathrm{d}\rho+\frac{1+\nu}{1-\nu}\frac{a^2\alpha}{(b^2-a^2)r}\int_a^bt\rho\mathrm{d}\rho\tag{8-16}$$

忽略圆筒轴向的传热，温度仅沿径向发生变化[104]，将温度分布函数式（8－9）代入式（8－16），得圆筒受热应力径向位移计算公式为：

$$u_\rho=\frac{1+\nu}{1-\nu}\alpha\left\{\frac{t_a\rho^2-t_aa^2}{2\rho}+\frac{t_bb^2-t_aa^2}{2(b^2-a^2)}\left[(1-2\nu)\rho+\frac{a^2}{\rho}\right]+\frac{t_b-t_a}{2\ln\left(\dfrac{b}{a}\right)}\rho\left(\ln\frac{\rho}{a}+\nu-1\right)\right\}\tag{8-17}$$

8.1.1.3 圆筒热膨胀变形的计算

圆筒在受温度产生热膨胀时，任意一点的位移为[105]：

$$u_i=\int_0^\rho\alpha t\mathrm{d}\rho\tag{8-18}$$

将式（8－9）代入式（8－18）得任意一点热膨胀引起的位移：

$$u_i = \alpha\rho\left[t_a + \frac{t_b - t_a}{\ln(b/a)}\left(\ln\frac{\rho}{a} - 1\right)\right] \tag{8-19}$$

圆筒的受热总位移为热应力变形与自由膨胀之和，总位移可表示为：

$$u_t = u_\rho + u_i \tag{8-20}$$

将式（8-17）与式（8-19）代入式（8-20）可得：

$$u_t = \frac{1+\nu}{1-\nu}\alpha\left\{\frac{t_a\rho^2 - t_a a^2}{2\rho} + \frac{t_b b^2 - t_a a^2}{2(b^2-a^2)}\left[(1-2\nu)\rho + \frac{a^2}{\rho}\right] + \frac{t_b - t_a}{2\ln(b/a)}\rho\left(\ln\frac{\rho}{a} + \nu - 1\right)\right\} + \alpha\rho\left[t_a + \frac{t_b - t_a}{\ln(b/a)}\left(\ln\frac{\rho}{a} - 1\right)\right] \tag{8-21}$$

8.1.2 离心力产生的径向位移计算

极坐标系中，在径向平面内任意半径 ρ 处取微小单元体，该微单元体的体积为单位体积，其受力情况如图 8-3 所示[97]。

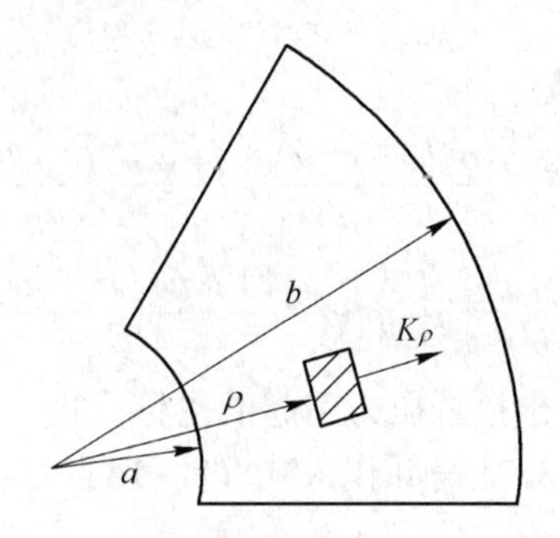

图 8-3 圆筒微元体受离心力示意图

圆筒以角速度 ω 旋转，其材料密度为 ρ_0，泊松比为 ν。则该单元体的离心力为：

$$K_\rho = \rho\omega^2\rho_0 \tag{8-22}$$

若将单位体积的离心力作为径向的单位体积力作用在微单元上，根据达朗贝尔原理，可将微单元作为静力学问题来求解。由于旋转圆筒属于轴对称问题，径向应力 σ_ρ 和环向应力 σ_φ 均与极角 φ 无关，且切向应力满足 $\tau_{\rho\varphi} = \tau_{\varphi\rho} = 0$，于是图 8-3 中微单元径向力平衡微分方程为：

$$\frac{d\sigma_\rho}{d\rho} + \frac{\sigma_\rho - \sigma_\varphi}{\rho} + \rho\omega^2\rho_0 = 0 \tag{8-23}$$

由于圆盘中的位移分量也是轴对称，即只有径向位移分量 u（ρ），根据几何方程可得单元体的径向应变 ε_ρ 和环向应变 ε_φ 为：

$$\begin{cases}\varepsilon_\rho = \dfrac{\mathrm{d}u}{\mathrm{d}\rho} \\ \varepsilon_\varphi = \dfrac{u}{\rho}\end{cases} \tag{8-24}$$

平面应力问题的应力和应变的物理方程为：

$$\begin{cases}\sigma_\rho = \dfrac{E}{1-\nu}(\varepsilon_r + \nu\varepsilon_\varphi) \\ \sigma_\varphi = \dfrac{E}{1-\nu}(\varepsilon_\varphi + \nu\varepsilon_\rho)\end{cases} \tag{8-25}$$

将式（8-24）代入式（8-25）可得：

$$\begin{cases}\sigma_\rho = \dfrac{E}{1-\nu}\left(\dfrac{\mathrm{d}u}{\mathrm{d}\rho} + \nu\,\dfrac{u}{\rho}\right) \\ \sigma_\varphi = \dfrac{E}{1-\nu}\left(\dfrac{u}{\rho} + \nu\,\dfrac{\mathrm{d}u}{\mathrm{d}\rho}\right)\end{cases} \tag{8-26}$$

将式（8-26）代入平衡方程式（8-23）便可以得到用位移表示的平衡微分方程：

$$\frac{\mathrm{d}^2u}{\mathrm{d}\rho^2} + \frac{1}{\rho}\,\frac{\mathrm{d}u}{\mathrm{d}\rho} - \frac{u}{\rho^2} = -\frac{1-\nu^2}{E}\rho\omega^2\rho_0 \tag{8-27}$$

式（8-27）的一般解为其齐次方程的通解加上一个特解，根据高等数学可知其齐次方程有两个特解 ρ 和 ρ^{-1}，因此，齐次方程的通解为：

$$u_1 = A_1\rho + \frac{B_1}{\rho}$$

设式（8-27）的特解为 $u = C\rho^k$，将其代入位移微分方程，使其两边相等，便可得出其特解为：

$$u_2 = -\frac{1-\nu^2}{8E}\rho_0\omega^2\rho^3$$

因此式（8-27）的一般解为：

$$u = A_1\rho + \frac{B_1}{\rho} - \frac{1-\nu^2}{8E}\rho_0\omega^2\rho^3 \tag{8-28}$$

将位移方程式（8-28）代入用位移表示的应力-应变关系式（8-26），便可以得出应力表达式：

$$\begin{cases}\sigma_\rho = A - \dfrac{B}{\rho^2} - \dfrac{3+\nu}{8}\rho_0\omega^2\rho^2 \\ \sigma_\varphi = A + \dfrac{B}{\rho^2} - \dfrac{1+3\nu}{8}\rho_0\omega^2\rho^2\end{cases} \tag{8-29}$$

其中，$A = EA_1/(1-\nu)$；$B = EB_1/(1+\nu)$。

对于内圆半径为 a、外圆半径为 b 的圆筒，以恒定角速度 ω 旋转，如果其内外边界上均不受力（自由边界），即 $(\sigma_\rho)_{\rho=a}=0$、$(\sigma_\rho)_{\rho=b}=0$。

将以上边界条件代入式（8-29），可得 A、B 为：

$$\begin{cases}A=\dfrac{3+\nu}{8}\rho_0\omega^2(a^2+b^2)\\[2ex] B=\dfrac{3+\nu}{8}\rho_0\omega^2a^2b^2\end{cases}\tag{8-30}$$

将式（8-30）代入式（8-29）可以得出自由圆筒应力分量的表达式为：

$$\begin{cases}\sigma_\rho=\dfrac{3+\nu}{8}\rho\omega^2\left(a^2+b^2-\dfrac{a^2b^2}{\rho^2}-\rho^2\right)\\[2ex] \sigma_\varphi=\dfrac{3+\nu}{8}\rho\omega^2\left(a^2+b^2-\dfrac{1+3\nu}{3+\nu}\rho^2+\dfrac{a^2b^2}{\rho^2}\right)\end{cases}\tag{8-31}$$

再将式（8-30）代入式（8-28），同样可以得出自由圆筒位移的表达式为：

$$u_s=\frac{(3+\nu)\rho_0\omega^2}{8E\rho}\left[(1-\nu)(a^2+b^2)\rho^2+(1+\nu)a^2b^2\right]-\frac{\rho_0(1-\nu^2)\omega^2\rho^3}{8E}\tag{8-32}$$

根据式（8-31）对 ρ 求导并令其为零，得到应力的极大值。当 $\rho=a$ 时，环向拉应力最大，其值为：

$$(\sigma_\varphi)_{\max}=(\sigma_\varphi)_{\rho=a}=\frac{3+\nu}{4}\rho_0\omega^2\left(b^2+\frac{1-\nu}{3+\nu}a^2\right)$$

当 $\rho=\sqrt{ab}$ 时径向拉应力最大，其值为：

$$(\sigma_\rho)_{\max}=(\sigma_\rho)_{\rho=a}=\frac{3+\nu}{8}p\omega^2(b-a)^2$$

当 $\rho=b$ 时径向位移最大，其值为：

$$(u_\rho)_{\max}=(u_\rho)_{\rho=b}=\frac{\rho_0\omega^2b}{4E}\left[(3+\nu)a^2+(1-\nu)b^2\right]$$

综合上面的推导，由式（8-21）与式（8-31）可以得出锁紧盘在接触压力、热应力、自由膨胀、离心力作用下所产生的位移为：

$$\begin{aligned}u=&\frac{1-\nu}{E}\cdot\frac{a^2p_1-b^2p_2}{b^2-a^2}\cdot\rho+\frac{1+\nu}{E}\cdot\frac{a^2b^2(p_1-p_2)}{b^2-a^2}\cdot\frac{1}{\rho}+\\&\alpha\rho\left[t_a+\frac{t_b-t_a}{\ln(b/a)}\left(\ln\frac{\rho}{a}-1\right)\right]+\frac{1+\nu}{1-\nu}\alpha\left\{\frac{t_a\rho^2-t_aa^2}{2\rho}+\right.\\&\left.\frac{t_bb^2-t_aa^2}{2(b^2-a^2)}\left[(1-2\nu)\rho+\frac{a^2}{\rho}\right]+\frac{t_b-t_a}{2\ln(b/a)}\rho\left(\ln\frac{\rho}{a}+\nu-1\right)\right\}+\\&\frac{(3+\nu)\rho_0\omega^2}{8E\rho}\left[(1-\nu)(a^2+b^2)\rho^2+(1+\nu)a^2b^2\right]-\frac{\rho_0(1-\nu^2)\omega^2\rho^3}{8E}\end{aligned}\tag{8-33}$$

将式（8－33）转化为直径方向为：

$$\Delta=\frac{1-\nu}{E}\cdot\frac{d_1^2p_1-d_2^2p_2}{d_2^2-d_1^2}\cdot d+\frac{1+\nu}{E}\cdot\frac{a^2d_2(p_1-p_2)}{d_2^2-d_1^2}\cdot\frac{1}{d}+$$
$$\alpha d\left[t_a+\frac{t_b-t_a}{\ln(d_2/d_1)}\left(\ln\frac{d}{d_1}-1\right)\right]+\frac{1+\nu}{1-\nu}\alpha\left\{\frac{t_ad^2-t_ad_1^2}{2d}+\right.$$
$$\left.\frac{t_bd_2^2-t_ad_1^2}{d_2^2-d_1^2}\cdot\left[\frac{d^2(1-2\nu)+d_1^2}{2d}\right]+\frac{t_b-t_a}{2\ln(d_2/d_1)}d\left(\ln\frac{d}{d_1}+\nu-1\right)\right\}+$$
$$\frac{(3+\nu)\rho_0\omega^2}{32Ed}[(1-\nu)(d_1^2+d_2^2)d^2+(1+\nu)d_1^2d_2^2]-\frac{\rho_0(1-\nu^2)\omega^2d^3}{32E} \tag{8-34}$$

8.2 设计计算算法

锁紧盘在温度与离心力作用下的计算，主要体现在厚壁圆筒径向位移的计算，计算步骤与第3章的内容基本相同。因此,本章以第一种算法为例,以锁紧盘为对象代入边界条件进行计算,其他三种方法考虑温度与离心力的计算,不再赘述。

将锁紧盘的边界条件代入式（8－34）可得[106,107]：

$$\begin{cases}\Delta_1=\dfrac{1-\mu_1}{E_1}\cdot\dfrac{d_1^2(-p_1)}{d_1^2-d_0^2}\cdot d_1+\dfrac{1+\mu_1}{E_1}\cdot\dfrac{d_0^2d_1^2(-p_1)}{d_1^2-d_0^2}\cdot\dfrac{1}{d_1}+Q_1\\ \quad=-\dfrac{[1+\mu_1+(1-\mu_1)n_1^2]d_1}{E_1(n_1^2-1)}p_1+Q_1\\ \Delta_2=\dfrac{1-\mu_2}{E_2}\cdot\dfrac{d_1^2p_1-d_2^2p_2}{d_2^2-d_1^2}\cdot d_1+\dfrac{1+\mu_2}{E_2}\cdot\dfrac{d_1^2d_2^2(p_1-p_2)}{d_2^2-d_1^2}\cdot\dfrac{1}{d_1}+Q_2\\ \quad=\dfrac{[1-\mu_2+(1+\mu_2n_2^2)]d_1}{E_2(n_2^2-1)}p_1-\dfrac{2d_1n_2^2}{E_2(n_2^2-1)}p_2+Q_2\\ \Delta_3=\dfrac{1-\mu_2}{E_2}\cdot\dfrac{d_1^2p_1-d_2^2p_2}{d_2^2-d_1^2}\cdot d_2+\dfrac{1+\mu_2}{E_2}\cdot\dfrac{d_1^2d_2^2(p_1-p_2)}{d_2^2-d_1^2}\cdot\dfrac{1}{d_2}+Q_3\\ \quad=\dfrac{2d_2}{E_2(n_2^2-1)}p_1-\dfrac{[1+\mu_2+(1-\mu_2)n_2^2]d_2}{E_2(n_2^2-1)}p_2+Q_3\\ \Delta_4=\dfrac{1-\mu_3}{E_3}\cdot\dfrac{d_2^2p_2-d_3^2p_3}{d_3^2-d_2^2}\cdot d_2+\dfrac{1+\mu_3}{E_3}\cdot\dfrac{d_2^2d_3^2(p_2-p_3)}{d_3^2-d_2^2}\cdot\dfrac{1}{d_2}+Q_4\\ \quad=\dfrac{[1-\mu_3+(1+\mu_3)n_3^2]d_2}{E_3(n_3^2-1)}p_2-\dfrac{2d_2n_3^2}{E_3(n_3^2-1)}p_3+Q_4\end{cases} \tag{8-35a}$$

$$\begin{cases}\Delta_5=\dfrac{1-\mu_3}{E_3}\cdot\dfrac{d_2^2p_2-d_3^2p_3}{d_3^2-d_2^2}\cdot d_3+\dfrac{1+\mu_3}{E_3}\cdot\dfrac{d_2^2d_3^2(p_2-p_3)}{d_3^2-d_2^2}\cdot\dfrac{1}{d_3}+Q_5\\ \quad=\dfrac{2d_2}{E_3(n_3^2-1)}p_2-\dfrac{[1+\mu_3+(1-\mu_3)n_3^2]d_3}{E_3(n_3^2-1)}p_3+Q_5\\ \Delta_6=\dfrac{1-\mu_4}{E_4}\cdot\dfrac{d_3^2p_3}{d_4^2-d_3^2}\cdot d_3+\dfrac{1+\mu_4}{E_4}\cdot\dfrac{d_3^2d_4^2p_3}{d_4^2-d_3^2}\cdot\dfrac{1}{d_3}+Q_6\\ \quad=\dfrac{[1-\mu_4+(1+\mu_4)n_4^2]d_3}{E_4(n_4^2-1)}p_3+Q_6\end{cases}\tag{8-35b}$$

将A、B、C、D、E、F、G、H、I、J与Q_1、Q_2、Q_3、Q_4、Q_5、Q_6（附录2）代入方程组（8-35）得：

$$\begin{cases}\Delta_1=Ap_1+Q_1\\ \Delta_2=Bp_1-Cp_2+Q_2\\ \Delta_3=Dp_1-Ep_2+Q_3\\ \Delta_4=Fp_2-Gp_3+Q_4\\ \Delta_5=Hp_2-Ip_3+Q_5\\ \Delta_6=Jp_3+Q_6\end{cases}\tag{8-36}$$

由位移边界条件知：

$$\begin{cases}\Delta_1-\Delta_2=R_1\\ \Delta_3-\Delta_4=R_2\\ \Delta_6-\Delta_5=\delta_3\end{cases}$$

即：

$$\begin{cases}(A-B)p_1+Cp_2+(Q_1-Q_2)=R_1\\ Dp_1-(E+F)p_2+Gp_3+(Q_3-Q_4)=R_2\\ (J+I)p_3-Hp_2(Q_6-Q_5)=\delta_3\end{cases}\tag{8-37}$$

各接触面按照最大间隙，由内向外进行计算。由方程组（8-37）可解得p_2、p_3与δ_3：

主轴传递扭矩时轴与轴套接触面所需压强：

$$p_1=\frac{2M}{\mu_1\pi d_1^2l_1}\tag{8-38}$$

轴套与内环接触面所需压强：

$$p_2=\frac{R_{1\max}-(A-B)p_1+(Q_2-Q_1)}{C}\tag{8-39}$$

外套与内环长圆锥面所需压强：

$$p_3=\frac{R_{2\max}-Dp_1+(E+F)p_2+(Q_4-Q_3)}{G}\tag{8-40}$$

所需过盈量：

$$\delta_3 = (J + I)p_3 - Hp_2(Q_6 - Q_5) \tag{8-41}$$

8.3 有限元法和解析法计算对比

本节模拟涉及温度与转速的加载，为了简化计算量，数值模拟主要分为两部分：在温度作用下的模拟与在离心力作用下的模拟，建模步骤与第7章相同，最后与相应的理论计算结果进行对比验证。

8.3.1 考虑温度的计算结果对比

通过与第7章相同步骤进行建模，采用本章设计计算的尺寸模型进行数值模拟，分别得出接触压力与 Von Mises 应力结果，如图 8-4 ~ 图 8-10 所示。

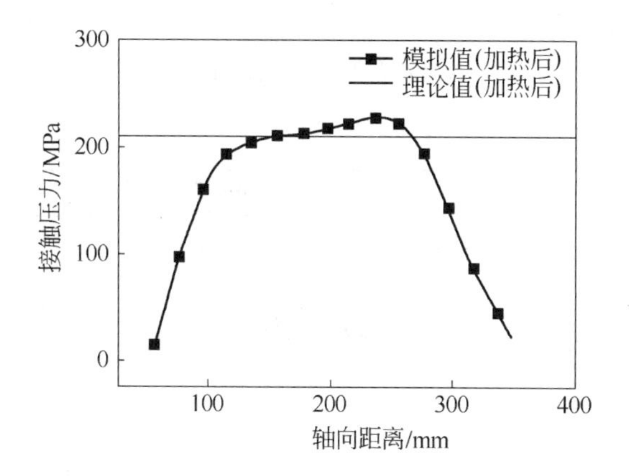

图 8-4 主轴与轴套配合面接触压力

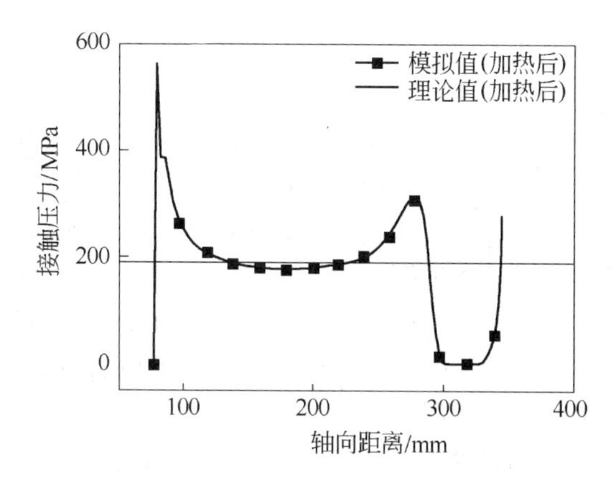

图 8-5 轴套与内环配合面接触压力

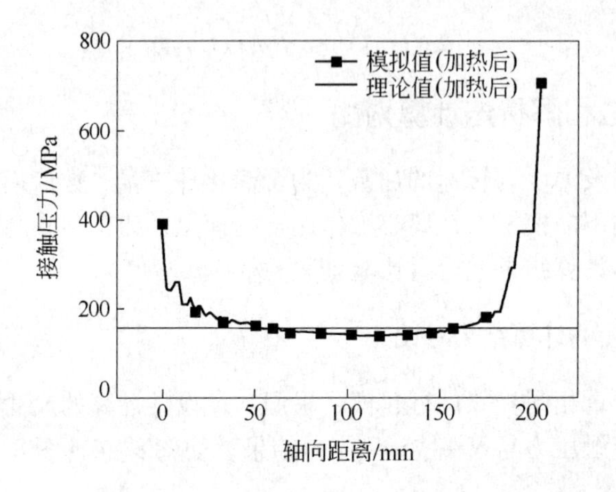

图 8-6 内环与外环配合面接触压力

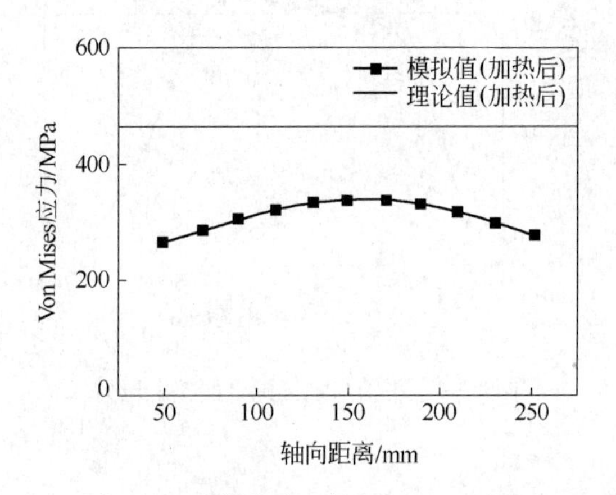

图 8-7 主轴内表面的 Von Mises 应力

图 8-4～图 8-6 所示为锁紧盘各配合面的接触压力分布图。由图可知，加热前后各接触面的分布趋势基本相同，各配合面中部区域接触压力的理论值与模拟值吻合性较好。另外，受温度影响，与静态结构的接触压力相比，从内到外各接触面达到额定扭矩所需的接触压力减小幅度逐渐增大。在各个接触面的端部，由于受到应力集中以及模型两端固定约束的影响，理论值与模拟值存在偏差。对于接触面的中部区域，主轴与轴套接触面理论值与模拟值误差较大，这是由于受压圆筒理论计算方法的局限性所致。

图 8-7～图 8-10 为锁紧盘各组件内表面 Von Mises 应力。由各图可知，加热前后组件的 Von Mises 应力的分布趋势相似，在组件的端部，受过盈连接的边

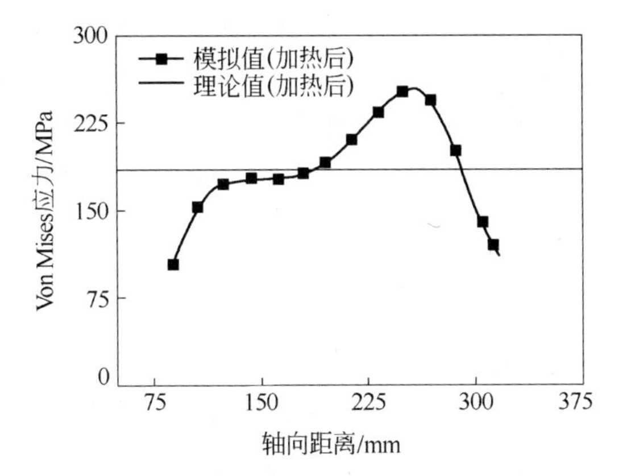

图 8-8 轴套内表面的 Von Mises 应力

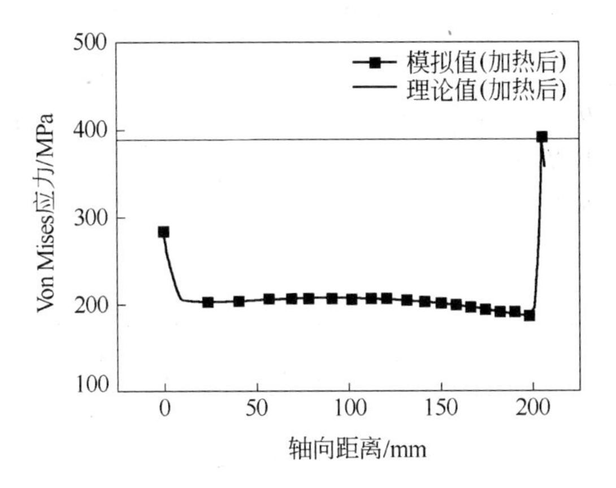

图 8-9 内环内表面的 Von Mises 应力

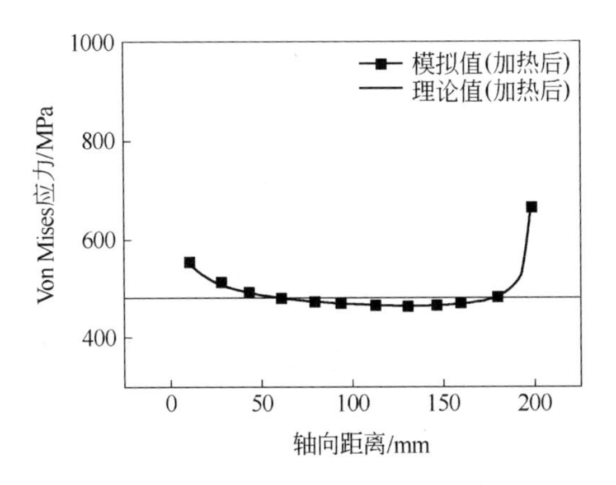

图 8-10 外环内表面的 Von Mises 应力

缘效应以及模型两端固定约束的影响，理论值与模拟值相差较大。而各接触面的中部区域，两种方法的计算结果吻合较好，并且都在各组件材料的屈服极限内。对比静态结构所产生的 Von Mises 应力，考虑温度所设计出来的风电锁紧盘的 Von Mises 应力有较大变化，主轴与内环的 Von Mises 应力有不同程度的增大，轴套与外环的 Von Mises 应力有不同程度的减小。

8.3.2 考虑离心力的计算结果对比

由于考虑离心力的模拟与第 7 章中的建模方法相同，因此本小节同样提取中间截面的结果数据与理论值进行分析对比，最后结果见表 8-1。

表 8-1 考虑离心力的计算结果对比

计算参数/MPa	模拟值（30r/min）/MPa	理论值（30r/min）/MPa	相对误差/%
主轴与轴套接触压力	208.51	217.49	4.4
轴套与内环接触压力	197.86	192.46	2.7
内环与外环接触压力	189.17	181.83	3.8
主轴内表面 Von Mises 应力	420.2	335.60	20.1
轴套内表面 Von Mises 应力	201.84	194.00	3.8
内环内表面 Von Mises 应力	228.02	255.03	11.8
外环内表面 Von Mises 应力	653.47	626.99	4.1

由表 8-1 可知：由于截取的是中间截面，应力集中与模拟中边界的约束对结果影响较小，因此，各配合面的接触压力的模拟值与理论值吻合较好，相对误差都在5%以内。轴套与外环组件的 Von Mises 应力理论值与模拟值吻合较好，而主轴与内环的 Von Mises 应力理论值与模拟值相差较大，这是由于静态结构理论计算的局限性所导致的。另外，与静态结构的接触压力相比，考虑离心力的各配合面所需接触压力较小。

附录1　锁紧盘结构尺寸表

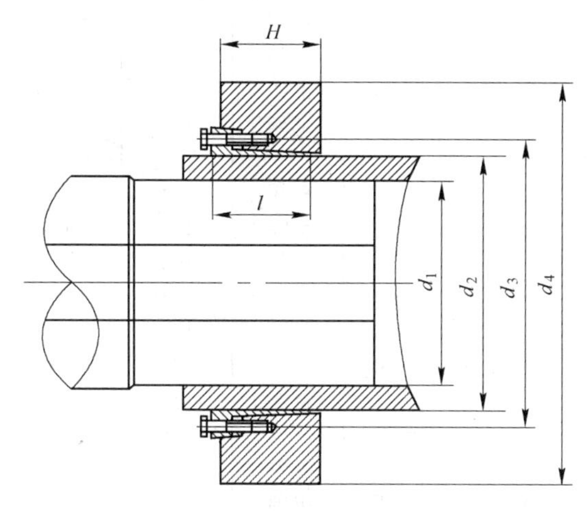

附图1　SP1 型单圆锥锁紧盘

附表1　SP1 型单圆锥锁紧盘基本尺寸和参数

基本尺寸/mm						额定载荷		六角螺栓 GB/T 5782	螺栓拧紧转矩 M_A /N·m	质量 /kg
d_2	d_1	d_4	d_3	H	l	转矩 M_t /kN·m	轴向力 F_t/kN			
50	38 40 42	90	68	26	22	1.10 1.32 1.54	55 64 72	M6	12	0.8
55	42 45 48	100	72	29	23	1.13 1.50 1.85	54 66 77	M6	12	1.1
62	48 50 52	110	80	29	23	1.69 1.92 2.17	69 77 84	M6	12	1.3
68	50 55 60	115	86	29	23	1.80 2.44 3.10	73 90 103	M6	12	1.4
75	55 60 65	138	98	31	25	2.70 3.52 4.30	97 117 133	M8	29	1.7

续附表1

基本尺寸/mm						额定载荷		六角螺栓 GB/T 5782	螺栓拧紧转矩 M_A /N·m	质量 /kg
d_2	d_1	d_4	d_3	H	l	转矩 M_t /kN·m	轴向力 F_t/kN			
80	60 65 70	145	102	31	25	3.25 3.97 4.70	108 121 133	M10	58	1.9
85 90	60 70 75	155	114	38	30	4.70 5.98 7.50	145 170 190	M10	58	3.3
95 100	70 75 80	170	124	43	34	5.91 7.42 8.90	170 200 220	M10	58	4.7
105 110	80 85 90	185	136	49	39	9.05 10.86 12.60	226 255 280	M12	100	5.9
120 125 130	90 95 100	215	160	53	42	12.85 14.98 17.00	280 325 340	M12	100	8.3
135 140	110 105 110	230	170	58	46	18.50 21.10 23.70	370 400 431	M14	160	10
155 160	110 115 120	263	192	62	50	24.00 27.00 31.00	440 473 508	M14	160	15
165 170	120 125 130	290	210	68	56	34.50 38.60 43.80	525 620 660	M16	240	22
175 180	130 135 140	300	220	68	56	42.00 46.20 50.60	650 680 720	M16	240	22
185 190	140 145 150	330	232	85	71	61.00 66.20 71.70	870 910 960	M16	240	37

续附表1

基本尺寸/mm						额定载荷		六角螺栓 GB/T 5782	螺栓拧紧转矩 M_A /N·m	质量 /kg
d_2	d_1	d_4	d_3	H	l	转矩 M_t /kN·m	轴向力 F_t/kN			
195	150	350	246	85	71	77.00	1020	M16	240	41
	155					82.70	1070			
200	160					88.10	1100			
210	160	370	270	103	88	97.00	1210	M20	470	54
	165					105	1270			
220	170					113.50	1335			
230	170	405	296	107	92	118	1390	M20	470	67
	180					136	1515			
240	190					154.8	1630			
250	190	430	318	119	103	162	1700	M20	470	82
	200					182	1820			
260	210					202.8	1930			
270	210	460	340	132	114	213	2030	M20	470	102
	220					240	2150			
280	230					269	2330			
290	230	485	360	140	122	262	2280	M24	820	118
	240					294	2450			
300	245					310	2530			
310	240	520	380	140	122	301	2510	M24	820	131
	250					335	2682			
320	260					370	2850			
330	250	570	402	155	134	389	3120	M24	820	186
	260					426	3300			
340	270					463	3430			
350	280	590	424	159	140	532	3800	M24	820	204
	290					575	3970			
360	300					599	3990			
380	300	650	458	163	144	640	4260	M27	1210	250
	310					690	4400			
390	320					742	4640			

续附表1

基本尺寸/mm						额定载荷		六角螺栓 GB/T 5782	螺栓拧紧转矩 M_A /N·m	质量 /kg
d_2	d_1	d_4	d_3	H	l	转矩 M_t /kN·m	轴向力 F_t/kN			
400	330					787	4770			
	340	670	490	184	164	846	5000	M27	1210	300
420	350					910	5200			
430	340					935	5500			
	350	740	512	192	172	1000	5720	M27	1210	400
440	360					1080	6000			
450	360					1090	6050			
	370	770	534	192	172	1150	6200	M27	1210	430
460	380					1235	6500			
470	380					1280	6560			
	390	800	556	213	188	1380	6750	M27	1210	500
480	400					1420	6940			
490	400					1480	7500			
	410	850	580	213	188	1600	7720	M30	1640	570
500	420					1720	7920			
520	430					1880	8740			
	440	910	616	238	213	2000	9000	M30	1640	740
530	450					2120	9250			
550	450					2020	8950			
	460	940	642	238	213	2150	9590	M30	1640	770
560	470					2280	9700			
580	470					2500	10600			
	480	980	676	260	228	2650	11000	M30	1640	900
590	490					2800	11450			
610	500					2910	12020			
	510	1020	700	284	240	3030	12500	M30	1640	930
620	520					3150	13120			
640	530					3660	13610			
	550	1070	730	304	260	3587	14100	M30	1640	1010
660	570					3800	14500			

续附表1

基本尺寸/mm						额定载荷		六角螺栓 GB/T 5782	螺栓拧紧转矩 M_A /N·m	质量 /kg
d_2	d_1	d_4	d_3	H	l	转矩 M_t /kN·m	轴向力 F_t/kN			
700	570	1140	788	332	270	3980	14950	M33	2210	1345
	580					4176	15400			
730	590					4425	16050			
750	600	1150	850	340	288	4850	16520	M33	2210	1445
	620					5275	17050			
760	650					5970	18250			
790	640	1230	900	350	296	5807	18147	M33	2210	1646
	660					6211	18823			
800	700					7063	20181			

注：表中型号 $d_2 \leqslant 590$ 的数据引用《重型机械标准（第2卷）》（中国重型机械学会编，云南科技出版社），型号 $d_2 > 590$ 的数据是根据本文设计算法所得。

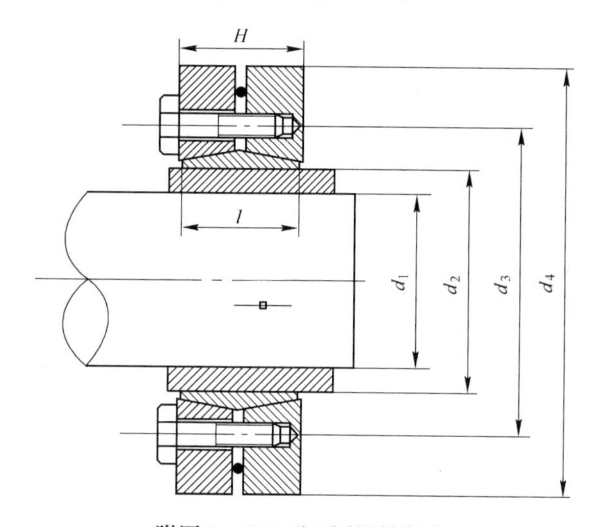

附图2 SP2型双圆锥锁紧盘

附表2 SP2型双圆锥锁紧盘基本尺寸和参数

基本尺寸/mm						额定载荷		六角螺栓 GB/T 5782	螺栓拧紧转矩 M_A /N·m	质量 /kg
d_2	d_1	d_4	d_3	H	l	转矩 M_t /kN·m	轴向力 F_t/kN			
24	19	50	36	18	14	0.17	17	M5	5	0.2
	20					0.21	21			
	21					0.25	23			

续附表2

基本尺寸/mm						额定载荷		六角螺栓 GB/T 5782	螺栓拧紧转矩 M_A /N·m	质量 /kg
d_2	d_1	d_4	d_3	H	l	转矩 M_t /kN·m	轴向力 F_t/kN			
30	24 25 26	60	44	20	16	0.30 0.34 0.38	25 27 29	M5	5	0.3
36	28 30 31	72	52	22	18	0.44 0.57 0.63	31 38 40	M6	12	0.4
44	34 35 36	80	61	24	20	0.71 0.78 0.86	41 44 47	M6	12	0.6
50	38 40 42	90	75	26	22	0.94 1.16 1.38	49 58 65	M6	12	0.8
55	42 45 48	100	75	29	23	1.16 1.52 1.88	55 67 78	M6	12	1.1
62	48 50 52	110	86	29	23	1.75 2.00 2.25	73 80 86	M6	12	1.3
68	50 55 60	115	86	29	23	1.85 2.50 3.15	74 91 105	M6	12	1.4
75	55 60 65	138	100	31	25	2.40 3.20 3.95	87 106 121	M8	29	1.2
80	60 65 70	145	100	31	25	3.20 3.90 4.60	106 120 131	M8	29	1.9
90	65 70 75	155	114	38	30	4.75 6.00 7.25	146 171 193	M8	29	3.3
100	70 75 80	170	124	43	34	6.00 7.50 9.00	171 200 225	M8	29	4.7

续附表2

基本尺寸/mm						额定载荷		六角螺栓 GB/T 5782	螺栓拧紧转矩 M_A /N·m	质量 /kg
d_2	d_1	d_4	d_3	H	l	转矩 M_t /kN·m	轴向力 F_t/kN			
110	75 80 85	185	136	49	39	7.20 9.00 10.80	192 225 254	M10	58	5.9
125	85 90 95	215	160	53	42	11.00 13.00 15.00	258 288 315	M10	58	8.3
140	95 100 105	230	175	58	46	15.10 17.60 20.10	317 352 382	M12	100	10
155	105 110 115	263	192	62	50	22.00 25.00 28.00	419 454 487	M12	100	15
165	115 120 125	290	210	68	56	31.00 35.00 39.00	539 583 624	M16	240	22
175	125 130 135	300	220	68	56	40.00 44.00 48.00	640 677 711	M16	240	22
185	135 140 145	330	236	85	71	55.00 60.00 65.00	815 857 896	M16	240	37
195	140 150 155	350	246	85	71	65.00 76.00 81.50	928 1013 1052	M16	240	41
200	150 155 160	350	246	85	71	78.00 84.00 90.00	1040 1084 1125	M16	240	41
220	160 165 170	370	270	103	88	100 108 116	1250 1309 1365	M16	240	54
240	170 180 190	405	295	107	92	120 138 156	1412 1533 1642	M20	470	67

续附表2

基本尺寸/mm						额定载荷		六角螺栓 GB/T 5782	螺栓拧紧转矩 M_A /N · m	质量 /kg
d_2	d_1	d_4	d_3	H	l	转矩 M_t /kN · m	轴向力 F_t/kN			
260	190 200 210	430	321	119	103	164 184 204	1726 1840 1943	M20	470	82
280	210 220 230	460	346	132	114	217 245 273	2062 2227 2374	M20	470	102
300	230 240 245	485	364	140	122	262 293 308	2278 2442 2514	M20	470	118
320	240 250 260	520	386	140	122	306 340 374	2550 2720 2877	M20	470	131
340	250 260 270	570	420	155	134	394 430 466	3152 3308 3452	M20	470	186
350	270 280 285	590	432	159	140	458 500 521	3393 3572 3656	M20	470	204
360	280 290 295	590	432	159	140	507 550 572	3622 3793 3878	M20	470	208
380	290 300 310	645	458	163	144	590 640 690	4069 4267 4452	M24	820	239
390	300 310 320	660	468	163	144	660 710 760	4400 4580 4750	M24	820	260
420	330 340 350	690	504	184	164	780 840 900	4727 4940 5143	M24	820	316
440	340 350 360	750	527	192	172	890 960 1030	5235 5486 5722	M24	820	408

续附表2

基本尺寸/mm						额定载荷		六角螺栓 GB/T 5782	螺栓拧紧转矩 M_A /N·m	质量/kg
d_2	d_1	d_4	d_3	H	l	转矩 M_t /kN·m	轴向力 F_t/kN			
460	360 370 380	770	547	192	172	1000 1070 1140	5556 5784 6000	M24	820	420
480	380 390 400	800	570	213	188	1200 1270 1340	6316 6513 6700	M24	820	505
500	400 410 420	850	590	213	188	1440 1520 1600	7200 7415 7619	M27	1210	575
530	430 440 450	910	620	238	213	1820 1940 2060	8465 8818 9156	M27	1210	746
560	450 460 470	940	650	238	213	2000 2130 2260	8889 9261 9617	M27	1210	775
590	470 480 490	980	684	260	228	2250 2400 2550	9574 10000 10410	M27	1210	900
620	500 510 520	1020	725	286	254	2700 2860 3020	10800 11220 11620	M30	1640	1080
660	530 550 570	1070	768	292	260	3170 3330 3500	11980 12300 12740	M33	2210	1186
700	560 580 600	1140	788	292	260	3714 3920 4250	12560 13120 13700	M33	2210	1352
750	600 620 650	1150	850	320	278	4460 4680 5896	14150 14590 15310	M33	2210	1354
800	640 660 700	1230	900	350	296	6130 6371 6620	15740 16360 17090	M33	2210	1656

注：表中型号 $d_2 \leqslant 620$ 的数据引用《重型机械标准（第2版）》（中国重型机械学会编，云南科技出版社），型号 $d_2 > 620$ 的数据是根据本书设计算法所得。

附表3 锁紧盘各型号尺寸

型号	螺栓数量	轴内径	轴外径	轴套外径	外环外径	外环低点	轴心距	接触长度 长端	接触长度 短端	主轴扭矩	轴	轴套	内环	外环	螺栓	拧紧力矩	摩擦系数	总宽度	最大行程	实际行程	短空行程
	n	d_1	d_2	d_3	d_4	d_a	d_5	lf_1	lf_4	M	Q_1	Q_2	Q_3	Q_4	D	ML	U_1	H	L	S	S_4
HSD 530-22	28	50	430	530	910	538	606	213	36	1930	510	420	540	610	30	1640	0.11	245	21	21	2.3
	28	50	440	530	910	538	606	213	36	2031	510	420	540	610	30	1640	0.11	245	21	21	2.3
	28	50	460	530	910	538	606	213	36	2243	510	420	540	610	30	1640	0.11	245	21	21	2.3
HSD 560-22	28	50	450	560	940	568	632	213	42	2097	510	420	540	610	30	1640	0.105	246	22	22	2.8
	28	50	460	560	940	568	632	213	42	2201	510	420	540	610	30	1640	0.105	246	22	22	2.8
	28	50	480	560	940	568	632	213	42	2420	510	420	540	610	30	1640	0.105	246	22	22	2.8
HSD 590-22	28	50	470	590	960	598	664	228	50	2593	510	420	540	610	30	1640	0.082	264	25	25	2.4
	28	50	480	590	960	598	664	228	50	2715	510	420	540	610	30	1640	0.082	264	25	25	2.4
	28	50	500	590	960	598	664	228	50	2970	510	420	540	610	30	1640	0.082	264	25	25	2.4
HSD 620-22	28	70	500	620	970	630	706	254	55	2904	510	420	540	610	30	1640	0.078	290	25	25	3.1
	28	70	520	620	970	630	706	254	55	3169	510	420	540	610	30	1640	0.078	290	25	25	3.1
	28	70	540	620	970	630	706	254	55	3447	510	420	540	610	30	1640	0.078	290	25	25	3.1

续附表3

型号	螺栓数量	轴内径	轴外径	轴套外径	外环外径	外环低点	轴心距	接触长度		主轴扭矩	轴	轴套	内环	外环	螺栓	拧紧力矩	摩擦系数	总宽度	最大行程	实际行程	短空行程
								长端	短端												
	n	d_1	d_2	d_3	d_4	d_a	d_5	lf_1	lf_4	M	Q_1	Q_2	Q_3	Q_4	D	ML	U_1	H	L	S	S_4
HSD 660－22	28	70	530	660	1070	670	748	260	60	3329	510	420	540	610	33	2210	0.095	296	25	25	3
	28	70	550	660	1070	670	748	260	60	3614	510	420	540	610	33	2210	0.095	296	25	25	3
	28	70	570	660	1070	670	748	260	60	3911	510	420	540	610	33	2210	0.095	296	25	25	3
HSD 700－22	28	120	560	700	1140	710	788	260	65	3804	510	420	540	610	33	2210	0.084	298	27	27	3.3
	28	120	580	700	1140	710	788	260	65	4109	510	420	540	610	33	2210	0.084	298	27	27	3.3
	28	120	600	700	1140	710	788	260	65	4427	510	420	540	610	33	2210	0.084	298	27	27	3.3
HSD 750－22	28	120	600	750	1150	760	850	278	70	4801	510	420	540	610	33	2210	0.068	320	31	31	4.1
	28	120	620	750	1150	760	850	278	70	5157	510	420	540	610	33	2210	0.068	320	31	31	4.1
	28	120	650	750	1150	760	850	278	70	5716	510	420	540	610	33	2210	0.068	320	31	31	4.1
HSD 800－22	28	120	640	800	1230	810	900	296	75	5807	510	420	540	610	33	2210	0.055	339	32	32	5.6
	28	120	660	800	1230	810	900	296	75	6211	510	420	540	610	33	2210	0.055	339	32	32	5.6
	28	120	700	800	1230	810	900	296	75	7063	510	420	540	610	33	2210	0.055	339	32	32	5.6
640（图纸）	28	70	520	640	1020	652.52	730	254	55	2800	510	420	540	610	30	1640	0.09	287	22	22	4.9
700（图纸）	28	120	560	700	1140	710	788	260	65	4000	510	420	540	610	33	2210	0.078	298	27	27	3.3

附表4 各系列锁紧盘扭矩与轴向力选取

锁紧盘系列	接触面	扭矩/kN·m			轴向力/kN		
		额定扭矩 M	最小扭矩 M_{min}	最大扭矩 M_{max}	额定轴向力 F_a	最小轴向力 F_{amin}	最大轴向力 F_{amax}
HSD 530	430	1930	1936.65	2078.77	8976	9007.66	9668.69
	440	2031	2036.73	2175.84	9234	9257.85	9890.17
	460	2243	2244.10	2375.83	9752	9756.96	10329.69
HSD 560	450	2097	2104.96	2253.62	9318	9355.62	10016.08
	460	2201	2212.64	2358.66	9572	9620.18	10255.04
	480	2420	2422.08	2560.56	10081	10092.00	10669.02
HSD 590	470	2593	2602.40	2771.19	11032	11074.06	11792.28
	480	2715	2723.30	2889.08	11314	11347.08	12337.84
	500	2970	2972.90	3131.39	11881	11891.60	12525.55
HSD 620	500	2904	2920.26	3121.81	11616	11681.05	12487.24
	520	3169	3180.93	3375.54	12190	12234.35	12982.83
	540	3447	3452.11	3637.92	12767	12785.60	13473.78
HSD 660	530	3329	3346.05	3562.46	12562	12626.59	13443.23
	550	3614	3625.43	3834.60	13140	13183.83	13943.99
	570	3911	3915.37	4115.51	13722	13738.13	14440.39
HSD 700	560	3804	3808.90	4033.48	13585	13606.79	14405.27
	580	4109	4115.74	4332.44	14169	14192.21	14939.44
	600	4427	4432.41	4640.49	14756	14774.70	15468.30
HSD 750	600	4801	4812.82	5067.85	16004	16042.74	16892.84
	620	5157	5168.13	5415.63	16636	16671.38	17469.78
	650	5716	5722.80	5955.76	17589	17608.62	18325.42
HSD 800	640	5807	5832.93	6120.41	18147	18227.89	19126.28
	660	6211	6232.43	6511.67	18823	18886.14	19732.32
	700	7063	7067.71	7325.26	20181	20193.47	20929.32

附表5　按照1640kN·m的拧紧力矩计算参数与其安全范围对比

项　目	主轴与轴套	轴套与内环	内环与外环
按轴套校核及受力分析	最小接触压力及过盈量： $p_{fmin}=157.37\mathrm{MPa}$， $\delta_{min}=1.067\mathrm{mm}$ 最大接触压力及过盈量： $p_{fmax}=177.49\mathrm{MPa}$， $\delta_{max}=1.204\mathrm{mm}$	最小接触压力及过盈量： $p_{wmin}=158.66\mathrm{MPa}$， $p_{wmax}=165.37\mathrm{MPa}$， $\delta_{min}\in(1.607,1.675)\mathrm{mm}$ 最大接触压力及过盈量： $p_{fmax}=184.30\mathrm{MPa}$， $\delta_{max}=1.867\mathrm{mm}$	最小接触压力及过盈量： $p_{min}=165.62\mathrm{MPa}$， $p_{max}=172.63\mathrm{MPa}$， $\delta_{min}\in(1.818,1.895)\mathrm{mm}$ 最大接触压力及过盈量： $p_{fmax}=175.23\mathrm{MPa}$， $\delta_{max}=1.923\mathrm{mm}$
螺栓1640kN·m拧紧力计算	传递负载产生的正压力： $p_f\in(160.32,171.74)\mathrm{MPa}$ 过盈量： $\delta\in(1.087,1.165)\mathrm{mm}$	传递负载产生的正压力： $p_f\in(166.46,171.04)\mathrm{MPa}$ 过盈量： $\delta\in(1.686,1.732)\mathrm{mm}$	传递负载产生的正压力： $p_f=174.71\mathrm{MPa}$ 过盈量： $\delta=1.918\mathrm{mm}$

附表6　按照221kN·m的拧紧力矩计算参数与其安全范围对比

项　目	主轴与轴套	轴套与内环	内环与外环
按轴套校核及受力分析	最小接触压力及过盈量： $p_{fmin}=189.38\mathrm{MPa}$， $\delta_{min}=1.380\mathrm{mm}$ 最大接触压力及过盈量： $p_{fmax}=195.25\mathrm{MPa}$， $\delta_{max}=1.423\mathrm{mm}$	最小接触压力及过盈量： $p_{wmin}=190.65\mathrm{MPa}$， $p_{wmax}=197.25\mathrm{MPa}$， $\delta_{min}\in(2.079,2.151)\mathrm{mm}$ 最大接触压力及过盈量： $p_{fmax}=189.81\mathrm{MPa}$， $\delta_{max}=2.070\mathrm{mm}$	最小接触压力及过盈量： $p_{min}=197.93\mathrm{MPa}$， $p_{max}=204.78\mathrm{MPa}$， $\delta_{min}\in(2.321,2.401)\mathrm{mm}$ 最大接触压力及过盈量： $p_{fmax}=204.96\mathrm{MPa}$， $\delta_{max}=2.403\mathrm{mm}$
螺栓2210kN·m拧紧力计算	传递负载产生的正压力： $p_f\in(189.96,200.61)\mathrm{MPa}$ 过盈量： $\delta\in(1.384,1.462)\mathrm{mm}$	传递负载产生的正压力： $p_f\in(197.23,201.25)\mathrm{MPa}$ 过盈量： $\delta\in(2.150,2.194)\mathrm{mm}$	传递负载产生的正压力： $p_f=206.38\mathrm{MPa}$ 过盈量： $\delta=2.420\mathrm{mm}$

附录2 考虑温度与离心力的计算参数

$$Q_1=\frac{(3+\nu_1)\rho_1 w^2}{32E_1 d_1}[(1-\nu_1)(d_0^2+d_1^2)d_1^2+(1+\nu_1)d_0^2 d_1^2]-\frac{\rho_1(1-\nu_1^2)w^2 d_1^3}{32E_1}+$$

$$\alpha_1 d_1\left[t_0+\frac{t_1-t_0}{\ln(d_1/d_0)}\left(\ln\frac{d_1}{d_0}-1\right)\right]+\frac{1+\nu_1}{1-\nu_1}\alpha_1\left\{\frac{t_0 d_1^2-t_0 d_0^2}{2d_1}+\frac{t_1 d_1^2-t_0 d_0^2}{d_1^2-d_0^2}\cdot\right.$$

$$\left.\left[\frac{d_1^2(1-2\nu_1)+d_0^2}{2d_1}\right]+\frac{t_1-t_0}{2\ln(d_1/d_0)}d_1\left(\ln\frac{d_1}{d_0}+\nu_1-1\right)\right\}$$

$$Q_2=\frac{(3+\nu_2)\rho_2 w^2}{32E_2 d_1}[(1-\nu_2)(d_1^2+d_2^2)d_1^2+(1+\nu_2)d_1^2 d_2^2]-$$

$$\frac{\rho_1(1-\nu_2^2)w^2 d_1^3}{32E_2}+\alpha_2 d_1\left[t_1-\frac{t_2-t_1}{\ln(d_2/d_1)}\right]+$$

$$\frac{1+\nu_2}{1-\nu_2}\alpha_2\left\{\frac{t_2 d_2^2-t_1 d_1^2}{d_2^2-d_1^2}\cdot[d_1(1-\nu_2)]+\frac{t_2-t_1}{2\ln(d_2/d_1)}d_1(\nu_2-1)\right\}$$

$$Q_3=\frac{(3+\nu_2)\rho_2 w^2}{32E_2 d_2}[(1-\nu_2)(d_1^2+d_2^2)d_2^2+(1+\nu_2)d_1^2 d_2^2]-\frac{\rho_2(1-\nu_2^2)w^2 d_2^3}{32E_2}+$$

$$\alpha_2 d_2\left[t_1+\frac{t_2-t_1}{\ln(d_2/d_1)}\left(\ln\frac{d_2}{d_1}-1\right)\right]+\frac{1+\nu_2}{1-\nu_2}\alpha_2\left\{\frac{t_1 d_2^2-t_1 d_1^2}{2d_2}+\frac{t_2 d_2^2-t_1 d_1^2}{d_2^2-d_1^2}\cdot\right.$$

$$\left.\left[\frac{d_2^2(1-2\nu_2)+d_1^2}{2d_2}\right]+\frac{t_2-t_1}{2\ln(d_2/d_1)}d_2\left(\ln\frac{d_2}{d_1}+\nu_2-1\right)\right\}$$

$$Q_4=\frac{(3+\nu_3)\rho_3 w^2}{32E_3 d_2}[(1-\nu)(d_2^2+d_3^2)d_2^2+(1+\nu)d_2^2 d_3^2]-$$

$$\frac{\rho_3(1-\nu_3^2)w^2 d_2^3}{32E_3}+\alpha_3 d_2\left[t_2-\frac{t_3-t_2}{\ln(d_3/d_2)}\right]+$$

$$\frac{1+\nu_3}{1-\nu_3}\alpha_3\left\{\frac{t_3 d_3^2-t_2 d_2^2}{d_3^2-d_2^2}\cdot[d_2(1-\nu_3)]+\frac{t_3-t_2}{2\ln(d_3/d_2)}d_2\left(\ln\frac{d_3}{d_2}+\nu_3-1\right)\right\}$$

$$Q_5=\frac{(3+\nu_3)\rho_3 w^2}{32E_3 d_3}[(1-\nu_3)(d_2^2+d_3^2)d_3^2+(1+\nu_3)d_2^2 d_3^2]-\frac{\rho_3(1-\nu^2)w^2 d_3^3}{32E_3}+$$

$$\alpha d_3\left[t_3+\frac{t_3-t_2}{\ln(d_3/d_2)}\left(\ln\frac{d_3}{d_2}-1\right)\right]+\frac{1+\nu_3}{1-\nu_3}\alpha\left\{\frac{t_2 d_3^2-t_2 d_2^2}{2d_3}+\frac{t_3 d_3^2-t_2 d_2^2}{d_3^2-d_2^2}\cdot\right.$$

$$\left.\left[\frac{d_3^2(1-2\nu_3)+d_2^2}{2d_3}\right]+\frac{t_3-t_2}{2\ln(d_3/d_2)}d_3\left(\ln\frac{d_3}{d_2}+\nu_3-1\right)\right\}$$

$$Q_6 = \frac{(3+\nu_4)\rho_4 w^2}{32E_4 d_3}\left[(1-\nu_4)(d_3^2+d_4^2)d_3^2+(1+\nu_4)d_3^2 d_4^2\right] - \frac{\rho_4(1-\nu_4^2)w^2 d_3^3}{32E_4} + \alpha_4 d_3\left[t_3 - \frac{t_4-t_3}{\ln(d_4/d_3)}\right] + \frac{1+\nu_4}{1-\nu_4}\alpha_4\left\{\frac{t_4 d_4^2 - t_3 d_3^2}{d_4^2-d_3^2}\cdot\left[d_3(1-\nu_4)\right] + \frac{t_4-t_3}{2\ln(d_4/d_3)}d_3(\nu_4-1)\right\}$$

式中 α_1，α_2，α_3，α_4——分别为主轴、轴套、内环与外环材料的热膨胀系数；

t_0——主轴内表面温度；

t_1——主轴与轴套接触面温度；

t_2——轴套与内环接触面温度；

t_3——内环与外环接触面温度；

t_4——外环外表面温度。

附录3　锁紧盘计算源程序

```
SUBROUTINE  SDMAIN(n,D1,D2,D3,D4,DA,D5,lf2,lfs,M,Q1,Q2,Q3,Q4,d,
  MB,u2,Smax,S,Ss,Pmin1,Smin1,Pmax1,Smax1,P1min,S1min,Mmin,Fmin,
  Pmin22,Smin22,Pmax2,Smax2,P2min,S2min,Pmin32,Smin32,Pmax3,Smax3,P3,S3)
! DEC $ ATTRIBUTES DLLEXPORT::SDMAIN
REAL M,PM,u1,Pi,D1,D2,lf1,lf2,D4,v1,v2,E1,E2,Q1,Q2,Pmin1,Smin1,
  Pmax1,Smax1
! 按轴套校核及受力分析方式设计计算变量的定义
REAL Pmin21,Pmin22,X1,X2,E,D3,v3,v4,E3,E4,Q3,Q4,Smin21,Smin22,
Pmax2,Smax2
REAL Dml,qal,qil,v5,v6,Cal,Cil,Cl,Dms,qas,qis,Cas,Cis,Cs
REAL DA,D5,lfl,lfs,L,B,Smax,Slmin,Slmax,Ss,DC,DCmin,DCmax,DE,DEmin,
DEmax,H
REAL Sl,Dl,Ds,PB,WB,F1,F2,u2,E5,E6,Pmin31,Smin31,Pmin32,Smin32,a3,
  c3,Pamaxl,pimaxl,Pmax3,Smax3,Lmax1
REAL F,MB,D,k,n,Fx,W,Wl,P3,S3,Lmax2  ! 按螺栓拧紧方法进行设计计算
                                      变量的定义
REAL j,P,Dm5,k2min,k2max,P21,P22,P23,P24,qa2,qi2,Ca2,Ci2,C2,P2min,
  S2min,P2max,S2max
REAL 1min,k1max,P11,P12,P13,P14,qa1,qi1,Ca1,Ci1,C1,P1min,S1min,
  P1max,S1max,Mmin,Mmax,Fmin,Fmax
open(unit=10,file='锁紧盘编程计算.txt')  ! 打开按轴套校核及受力分析.txt
                                        文件,unit指定文件代码,file指定
                                        文件名称
write(10,90)'锁紧盘型号HSD','D3','-22-','D2'
E1=2.1E5
E2=2.1E5
E3=E2
E4=E2
E5=E2
E6=E2
v1=0.3
v2=0.3
```

```
v3 = v1
v4 = v1
v5 = v1
v6 = v1
u1 =0. 15
Pi =3. 14
E =1. 8E5
X1 =0. 022
X2 =0. 136
B =0. 05
K =0. 125
k2min =0. 05
k2max =0. 188
k1min =0. 011
k1max =0. 068
lf1 =1. 1 * lf2
lfl = lf2 - lfs +9
L = Smax +2
H = L + ( LF2 +9)
CALL SIZE( B, DA, D5, lfl, lfs, L, H, Smax, Slmin, Slmax, Ss, DCmin, DCmax, DEmin,
   DEmax)
DO 20 I =1,2
if( I = =1) then
write(10,90)'外套与内环最大间隙下计算'
DC =2 * DCmax
Dml = DC + ( lfl - Smax + S - 1) * TAN( B)
DE =2 * DEmax
Dms = DE + ( lfs - Smax + S) * TAN( B)
Dm5 = Dc + lf2 * TAN( B)
Sl = Slmax
else if( I = =2) then
write(10,90)'外套与内环最小间隙下计算'
DC =2 * DCmin
Dml = DC + ( lfl - Smax + S - 1) * TAN( B)
DE =2 * DEmin
Dms = DE + ( lfs - Smax + S) * TAN( B)
```

```
Dm5 = Dc + lf2 * TAN(B)
END IF
! 轴与轴套
WRITE(10,90)'锁紧盘传递载荷按照轴套校核与受力分析方式计算'
PM = (2 * M * 1000000)/(u1 * Pi * D2 * D2 * lf1)
Pmin1 = PM
CALL PAMOI(D1,D2,D4,v1,v2,E1,E2,Q1,Q2,Pmin1,Smin1,Pmax1,Smax1)
! PAMOI - Pressure and Magnitude of Interference
WRITE(10,*)'轴与轴套接触面压强与过盈量的计算'
WRITE(10,110)'轴与轴套传递载荷所需最小结合力 Pmin1 =    ',Pmin1
WRITE(10,120)'轴与轴套传递载荷所需最小过盈量 Smin1 =    ',Smin1
WRITE(10,110)'轴与轴套传递载荷所允许最大结合力 Pmax1 = ',Pmax1
WRITE(10,120)'轴与轴套传递载荷所允许最大过盈量 Smax1 = ',Smax1
! 轴套与内环
Pmin21 = Pmin1 + (X1 * E * (1 - (D2/D3) ** 2))/(2 * D2)
CALL PAMOI(D1,D3,D4,v3,v4,E3,E4,Q3,Q4,Pmin21,Smin21,Pmax2,Smax2)
Pmin22 = Pmin1 + (X2 * E * (1 - (D2/D3) ** 2))/(2 * D2)
CALL PAMOI(D1,D3,D4,v3,v4,E3,E4,Q3,Q4,Pmin22,Smin22,Pmax2,Smax2)
WRITE(10,*)'轴套与内环接触面压强与过盈量的计算'
WRITE(10,110)'轴与轴套在最小间隙时轴套与内环传递载荷所需最小结合力
Pmin21 = ',Pmin21
WRITE(10,120)'最小间隙时轴套与内环传递载荷所需最小过盈量 Smin21 =',
  Smin21
WRITE(10,110)'轴与轴套在最大间隙时轴套与内环传递载荷所需最小结合力
Pmin22 = ',Pmin22
WRITE(10,120)'最大间隙时轴套与内环传递载荷所需最小过盈量 Smin22 =',
  Smin22
WRITE(10,110)'轴套与内环传递载荷所允许最大结合力 Pmax2 = ',Pmax2
WRITE(10,120)'轴套与内环传递载荷所允许最大过盈量 Smax2 = ',Smax2
! 内环与外套
CALL CTCOTQAC(D1,Dml,D4,qal,qil,v5,v6,Cal,Cil,Cl)      ! 长接触面直径比
                                                        与系数 C 的计算
CALL CTCOTQAC(D1,Dms,D4,qas,qis,v5,v6,Cas,Cis,Cs)      ! 短接触面直径比
                                                        与系数 C 的计算
Dl = (S - Sl) * TAN(B)   ! 内环与外环长接触面的最大相对直径变化量
Ds = (S - Ss) * TAN(B)   ! 内环与外环短接触面的最大相对直径变化量
```

```
PB = (Ds * Cl * Dml)/(Dl * Cs * Dms)   ! 短接触面与长接触面压力之比 Ps/Pl
WB = (PB * Dms * (lfs - Smax + S))/(Dml * (lfl - Smax + S - 1))   ! 短接触面与长接触面正压力之比 Ws/Wl
F1 = (Pmin21 * Pi * D3 * lf2)/(COS(B) - u1 * SIN(B))/1000   ! 轴与轴套最小间隙时螺栓所需轴向力
Pmin31 = 1000 * F1 * COS(B)/(Pi * Dml * (lfl - Smax + S - 1) * (1 + WB))   ! 最小间隙时外套与内环长接触面所需最小压力
F2 = (Pmin22 * Pi * D3 * lf2)/(COS(B) - u1 * SIN(B))/1000   ! 轴与轴套最大间隙时螺栓所需轴向力
Pmin32 = 1000 * F2 * COS(B)/(Pi * Dml * (lfl - Smax + S - 1) * (1 + WB))   ! 最大间隙时外套与内环长接触面所需最小压力
Smin31 = Pmin31 * (Cal/E5 + Cil/E6) * Dml   ! 最小间隙时外套与内环长接触面间所需最小过盈量
Smin32 = Pmin32 * (Cal/E5 + Cil/E6) * Dml   ! 最大间隙时外套与内环长接触面间所需最小过盈量
a3 = (1 - qal * qal)/sqrt(3 + qal * * 4)
c3 = (1 - qil * qil)/2
Pamaxl = a3 * Q4   ! 包容件不发生塑性变形所允许的最大压力
Pimaxl = c3 * Q3
Pmax3 = Pamaxl   ! 被包容件不发生塑性变形所允许的最大压力
if(Pamaxl > Pimaxl)Pmax3 = Pimaxl   ! 传递载荷所允许的最大结合力
Smax3 = Pmax3 * (Cal/E5 + Cil/E6) * Dml   ! 传递负载所允许的最大过盈量 Smax3
Lmax1 = (Smax3 + 0.376)/(2 * TAN(B))   ! 材料不发生塑性变形所允许内环的最大推进行程 Lmax1
WRITE(10,90)'内环与外套接触面压强与过盈量的计算'
WRITE(10,80)'轴与轴套最小间隙时圆锥过盈接触面的压力 Ws + Wl = ',F1
WRITE(10,80)'轴与轴套最大间隙时圆锥过盈接触面的压力 Ws + Wl = ',F2
WRITE(10,120)'圆锥过盈接触面长端平均接触面直径 Dml = ',Dml
```

```
WRITE(10,120)'圆锥过盈接触面短端平均接触面直径 Dms = ',Dms
WRITE(10,100)'短接触面与长接触面压力之比   Ps/Pl = ',PB
WRITE(10,100)'短接触面与长接触面压力之比   Ws/Wl = ',WB
WRITE(10,110)'最小间隙时内环与外套传递载荷所需最小结合力 Pmin31 = ',
  Pmin31
WRITE(10,120)'最小间隙时内环与外套传递载荷所需最小过盈量 Smin31 = ',
  Smin31
WRITE(10,110)'最大间隙时内环与外套传递载荷所需最小结合力 Pmin32 = ',
  Pmin32
WRITE(10,120)'最大间隙时内环与外套传递载荷所需最小过盈量 Smin32 = ',
  Smin32
WRITE(10,100)'a = ',a3,'pamaxl = ',pamaxl
WRITE(10,100)'c = ',c3,'pimaxl = ',pimaxl
WRITE(10,110)'内环与外套传递载荷所允许最大结合力 Pmax3 = ',Pmax3
WRITE(10,120)'内环与外套传递载荷所允许最大过盈量 Smax3 = ',Smax3
WRITE(10,100)'材料不发生塑性变形内环可推进的行程 Lmax1 = ',Lmax1
WRITE(10,90)' ******** 按照螺栓拧紧的计算 ********* '
! 外套与内环接触面计算
F = MB/(k * D)                              ! 计算单个螺栓产生的轴向力
Fx = n * F                                  ! 计算 28 个螺栓产生的轴向力
W = Fx/(SIN(B) + (u2 * COS(B)))             ! 计算 W1 + W2
Wl = W/(1 + WB)                             ! 计算 W2
P3 = 1000 * Wl/(Dml * Pi * (lfl - Smax + S - 1))   ! 计算长接触面上产生的压力
                                            P2
S3 = P3 * (Cal/E5 + Cil/E6) * Dml           ! 计算外环与内环长接触面间的
                                            过盈量
Lmax2 = (S3 + 0.376)/(2 * TAN(B))
WRITE(10,100)'外套与内环部分'
WRITE(10,80)'单个螺栓产生轴向力 F =    ',F
WRITE(10,80)'28 个螺栓产生的轴向合力 Fx = ',FX
WRITE(10,80)'圆锥结合面正压力和 Ws + Wl = ',W
WRITE(10,80)'长接触面正压力 Wl = ',Wl
WRITE(10,100)'短接触面与长接触面压力比 Ps/Pl = ',PB
WRITE(10,100)'短接触面与长接触面正压力比 Ws/Wl = ',WB
WRITE(10,110)'内环与外套长接触面间的结合压强 P3 = ',P3
WRITE(10,120)'内环与外套长接触面间的过盈量 S3 = ',S3
```

```
WRITE(10,100)'螺栓拧紧可使内环推进的行程 Lmax2 = ',Lmax2
! 轴套与内环部分
j = ATAN(u2)
WRITE(10, * )'j = ',j
P = P3 * COS(j + B)
CALL CTP(P,D1,D2,D3,Dm5,k2min,k1min,P21,P11)   ! 计算 P2,P1
CALL CTP(P,D1,D2,D3,Dm5,k2max,k1min,P22,P12)
CALL CTP(P,D1,D2,D3,Dm5,k2min,k1max,P23,P13)
CALL CTP(P,D1,D2,D3,Dm5,k2max,k1max,P24,P14)
P2min = MIN(P21,P22,P23,P24)
P2max = MAX(P21,P22,P23,P24)
P1min = MIN(P11,P12,P13,P14)
P1max = MAX(P11,P12,P13,P14)
CALL CTCOTQAC(D1,D3,D4,qa2,qi2,v3,v4,Ca2,Ci2,C2)
S2min = P2min * (Ca2/E3 + Ci2/E4) * D3      ! 轴套与内环的过盈量
S2max = P2max * (Ca2/E3 + Ci2/E4) * D3      ! 轴套与内环的过盈量
WRITE(10,90)'内环与轴套部分'
WRITE(10,100)'P = ',P
WRITE(10,100)'P21 = ',p21,'P22 = ',p22,'P23 = ',p23,'P24 = ',p24
WRITE(10,100)'P11 = ',p11,'P12 = ',p12,'P13 = ',p13,'P14 = ',p14
WRITE(10,110)'内环与轴套长接触面间的结合力 P2min = ',P2min
WRITE(10,120)'内环与轴套长接触面间的过盈量 S2min = ',S2min
WRITE(10,110)'内环与外套长接触面间的结合力 P2max = ',P2max
WRITE(10,120)'内环与外套长接触面间的过盈量 S2max = ',S2max
! 轴与轴套部分
Mmin = (Pi * lf1 * D2 * D2 * P1min * u1)/(2.0 * 1E6)
Mmax = (Pi * lf1 * D2 * D2 * P1max * u1)/(2.0 * 1E6)
Fmin = Pi * P1min * D2 * lf1 * u1/1000
Fmax = Pi * P1max * D2 * lf1 * u1/1000
CALL CTCOTQAC(D1,D2,D4,qa1,qi1,v1,v2,Ca1,Ci1,C1)
E1 =2.1E5
S1min = P1min * (Ca1/E1 + Ci1/E2) * D2      ! 轴与轴套的过盈量
S1max = P1max * (Ca1/E1 + Ci1/E2) * D2      ! 轴与轴套的过盈量
WRITE(10,90)'轴套与轴部分'
WRITE(10,110)'轴与轴套接触面间的结合力 P1min = ',P1min
WRITE(10,120)'轴与轴套接触面间的过盈量 S1min = ',S1min
```

```
WRITE(10,110)'轴与轴套接触面间的结合力 P1max =',P1max
WRITE(10,120)'轴与轴套接触面间的过盈量 S1max =',S1max
WRITE(10,130)'轴与轴套最小所能传递扭矩 Mmin =',Mmin
WRITE(10,130)'轴与轴套最大所能传递扭矩 Mmax =',Mmax
WRITE(10,80)'轴与轴套最小所能传递轴向力 Fmin =',Fmin
WRITE(10,80)'轴与轴套最大所能传递轴向力 Fmax =',Fmax
write(10,40)'总宽度 H =',H
WRITE(10,90)'压力的比较'
WRITE(10,50)'按轴套校核方式推进行程 =',Lmax1,'mm'
WRITE(10,150)'轴与轴套','轴套与内环','内环与外套'
WRITE(10,160)'Pmin1 =',Pmin1,'Pmax1 =',Pmax1,'Pmin21 =',pmin21,'Pmin22
   =',pmin22,'Pmax2 =',pmax2,'Pmin31 =',pmin31,'Pmin32 =',Pmin32,'Pmax3
   =',Pmax3
WRITE(10,60)'按螺栓拧紧方式推进行程 =',Lmax2,'mm'
WRITE(10,150)'轴与轴套','轴套与内环','内环与外套'
WRITE(10,170)'P1min =',P1min,'P1max =',P1max,'P2min =',P2min,'P2max
   =',P2max,'P3 =',P3
WRITE(10,180)'L =',L,'Smax =',Smax,'S =',S
WRITE(10,*)'****************************************'
WRITE(10,90)'过盈量的比较'
WRITE(10,*)'按轴套校核方式'
WRITE(10,150)'轴与轴套','轴套与内环','内环与外套'
WRITE(10,190)'Smin1 =',Smin1,'Smax1 =',Smax1,'Smin21 =',Smin21,'Smin22
   =',Smin22,'Smax2 =',Smax2,'Smin31 =',Smin31,'Smin32 =',Smin32,'Smax3
   =',Smax3
WRITE(10,*)'按螺栓拧紧方式'
WRITE(10,150)'轴与轴套','轴套与内环','内环与外套'
WRITE(10,200)'S1min =',S1min,'S1max =',S1max,'S2min =',S2min,'S2max
   =',S2max,'S3 =',S3
40 format(1x,a,F5.1)
50 format(1x,A,F5.2,A)
60 format(1x,A,F5.2,A,2X,A,F5.2,A)
70 FORMAT(1X,A,F4.0,A/)
80 FORMAT(1X,A,F9.2,'KN'/)
90 FORMAT(1X,A/)
100 FORMAT(1x,a,F8.4,4x,a,F10.2,'Mpa')
```

```
110 FORMAT(1x,a,F10.2,'Mpa')
120 FORMAT(1X,A,F8.3,'mm'/)
130 FORMAT(1X,A,F10.2,'KN.M')
140 FORMAT(1x,A,F6.2,3X,A,F6.2,3X,A,F6.2,3X,A,F6.2,3X,A,F6.2)
150 FORMAT(10X,A,30X,A,36X,A)
160 FORMAT(1x,A,F6.2,1x,a,F6.2,3X,A,F6.2,1X,A,F6.2,1X,A,F6.2,3X,
  A,F6.2,1X,A,F6.2,1x,a,F6.2)
170 FORMAT(1x,A,F6.2,1X,A,F6.2,13X,A,F6.2,1X,A,F6.2,27X,A,F6.2)
180 FORMAT(1X,A,F4.1,1X,A,F4.1,1X,A,F4.1)
190 FORMAT(1x,A,F5.3,1x,a,F5.3,3X,A,F5.3,1X,A,F5.3,1X,A,F5.3,3X,
  A,F5.3,1X,A,F5.3,1x,a,F5.3)
200 FORMAT(1x,A,F5.3,1X,A,F5.3,13X,A,F5.3,1X,A,F5.3,33X,A,F5.3)
20 CONTINUE
END

! 子程序1(PAMOI)--计算各个接触面的压强和最小、最大过盈量
SUBROUTINE PAMOI(D1,D2,D3,va,vi,Ea,Ei,QDa,QDi,Pmin,Smin,Pmax,Smax)
REAL D1,D2,D3,qa,qi,Ca,Ci,a,c,Ea,Ei,Pmin,Smin,Pamax,Pimax,Pmax,Smax
qa = D2/D3
qi = D1/D2
Ca = (1 + qa * qa)/(1 - qa * qa) + va
Ci = (1 + qi * qi)/(1 - qi * qi) - vi
Smin = Pmin * (Ca/Ea + Ci/Ei) * D2
a = (1 - qa * qa)/SQRT(3 + qa * * 4)
c = (1 - qi * qi)/2
Pamax = a * QDa
Pimax = c * QDi
Pmax = Pamax
if(Pamax > Pimax)Pmax = Pimax
Smax = Pmax * (Ca/Ea + Ci/Ei) * D2
END

! 子程序2(CTCOTQAC)--(主要用于计算内环外环长、短接触面的直径比和C)
SUBROUTINE CTCOTQAC(D1,D2,D3,qa,qi,va,vi,Ca,Ci,C)
! CTCOTQAC - Calculate the coefficient of the Q and C
REAL D1,D2,D3,qa,qi,Ca,Ci,C
```

```
qa = D2/D3
qi = D1/D2
Ca = (1 + qa * qa)/(1 - qa * qa) + va
Ci = (1 + qi * qi)/(1 - qi * qi) - vi
C = Ca + Ci
END

! 子程序3(CTP) - -螺栓拧紧过程中用于计算不同间隙时的P2,P3
SUBROUTINE CTP(P1,D1,D2,D3,Dm5,k1,k2,P2,P3)
! CTP - -Calculate the Pressure
REAL P1,Dm5,D3,D2,D1,k1,k2,n1,n2,n3,E1,E2,v1,v2,A,B,C,D,E,F,P2,P3
E1 =1.8E5
E2 =2.1E5
v1 =0.3
v2 =0.28
n1 = dm5/d3
n2 = d3/d2
if(d1.NE.0)then
n3 = d2/d1
else
D = d2 * (1 - v2 + n2 * n2 * (1 + v2))/(2 * E1 * (n2 * n2 - 1)) + d2 * (1 + v1)/
  (2 * E2)
end if
A = d3 * (1 - v1 + n1 * n1 * (1 + v1))/(2 * E2 * (n1 * n1 - 1)) + d3 * (1 + v2 +
  n2 * n2 * (1 - v2))/(2 * E1 * (n2 * n2 - 1))
B = d3/(E1 * (n2 * n2 - 1))
E = n1 * n1 * d3/(E2 * (n1 * n1 - 1)) * p1 - k1
C = n2 * n2 * d2/(E1 * (n2 * n2 - 1))
D = d2 * (1 - v2 + n2 * n2 * (1 + v2))/(2 * E1 * (n2 * n2 - 1)) + d2 * (1 + v1 +
  n3 * n3 * (1 - v1))/(2 * E2 * (n3 * n3 - 1))
F = k2
p2 = (E * D - F * B)/(A * D - C * B)
p3 = (E * C - F * A)/(A * D - C * B)
END

! 子程序4(NQINT) - -内环长接触面尺寸确定时小数的取舍
```

```
SUBROUTINE NQINT(X)
X = X * 100
X = INT(X)
X = X/100.0
END

! 子程序5(WQINT)--外环长接触面尺寸确定时小数的取舍
SUBROUTINE WQINT(X)
X = X * 100
X = CEILING(X)
X = X/100.0
END

! 子程序6(SIZE)--内环与外环尺寸的确定计算(在半径条件下计算各个点的尺寸)
SUBROUTINE SIZE(B,RA,R5,lfl,lfs,L,H,Smax,Slmin,Slmax,Ss,RCmin,RCmax,
  REmin,REmax)
REAL RA,RB,RC,RC1,RD,R5,RE,RF,RG,RH,RI,RI1,lfl,lfs,L
REAL Slmin,Slmax,Ss,RCmin,REmin,RCmax,REmax,HC,HB,H,Smax
WRITE(10,*)'锁紧盘内环与外套尺寸的确定
WRITE(10,*)'内环与外套原始尺寸(不考虑公差时的尺寸,即内外环长短接触
  面重叠)'
RA = RA/2
R5 = R5/2
RB = RA + L * TAN(B)
RC1 = RA + L * TAN(B)
RD = RC1 + lfl * TAN(B)
RE = 2 * R5 - RD
RF = RE + lfs * TAN(B)
RI1 = RA + (H - Smax - lfs - 1) * TAN(B)
RH = RI1 + (RE - RD)
RG = RH + (lfs + 1) * TAN(B)
WRITE(10,100)'内环点 C 的半径为 RC1 =',RC1
WRITE(10,100)'内环点 D 的半径为 RD =',RD
WRITE(10,100)'内环点 E 的半径为 RE =',RE
WRITE(10,100)'内环点 F 的半径为 RF =',RF
WRITE(10,100)'外套点 I 的半径为 RI1 =',RI1
```

```
WRITE(10,100)'外套点 H 的半径为 RH =',RH
WRITE(10,100)'外套点 G 的半径为 RG =',RG
WRITE(10,*)'******** 考虑公差的尺寸确定 **********'
WRITE(10,*)'内环长端 C 点尺寸的确定'
RC = RC1 - 0.031
WRITE(10,100)'内环长端 C 点的尺寸为 RC =',RC
CALL NQINT(RC)
HC = RC1 - RC - 0.031
WRITE(10,110)'内环短端 C 点的加工尺寸为 RC =',RC,'( +0.031, -0.031)'
WRITE(10,*)'内环长端 E 点尺寸的确定'
RE = RE - Ss * TAN(B)
RE = RE - 0.031
WRITE(10,100)'内环长端 E 点的尺寸为 RE =',RE
CALL NQINT(RE)
WRITE(10,110)'内环短端 E 点的加工尺寸为 RE =',RE,'( +0.031, -0.031)'
WRITE(10,*)'外套长端 I 点尺寸的确定'
RI = RI1 + 0.031
WRITE(10,100)'外套长端 I 点的尺寸为 RI =',RI
CALL WQINT(RI)
HB = RI - RI1 - 0.031
WRITE(10,110)'外套长端 I 点的加工尺寸为 RI =',RI,'( +0.031, -0.031)'
WRITE(10,*)'外套短端 G 点尺寸的确定'
RG = RG + 0.031
WRITE(10,100)'外套短端 G 点的尺寸为 RG =',RG
CALL WQINT(RG)
WRITE(10,110)'外套短端 G 点的加工尺寸为 RG =',RG,'( +0.031, -0.031)'
WRITE(10,*)'******* 最小间隙尺寸 *******'
RCmin = RC + 0.031
WRITE(10,120)'内环长端点 C 的尺寸 RCmin =',RCmin
REMIN = RE + 0.031
WRITE(10,120)'内环长端点 E 的尺寸 REmin =',REmin
RImin = RI - 0.031
Slmin = (HC + HB)/TAN(B)
WRITE(10,120)'外套长端点 I 的尺寸 RImin =',RImin
RGmin = RG - 0.031
WRITE(10,120)'外套长端点 G 的尺寸 RGmin =',RGmin
```

```
WRITE(10, * )' ******* 最大间隙尺寸 ******* '
RCmax = RC - 0. 031
WRITE(10,120)'内环长端点 C 的尺寸 RCmax = ',RCmax
REmax = RE - 0. 031
WRITE(10,120)'内环长端点 E 的尺寸 REmax = ',REmax
RImax = RI + 0. 031
RB = RB + 2 * 0. 031
Slmax = ( HC + HB + 0. 062)/TAN(B)
WRITE(10,120)'外套长端点 I 的尺寸 RImax = ',RImax
RGmax = RG + 0. 031
WRITE(10,120)'外套长端点 G 的尺寸 RGmax = ',RGmax
100 FORMAT(1X,A,F9. 4,'mm')
110 FORMAT(1X,A,F7. 2,A,'mm'/)
120 FORMAT(1X,A,F8. 3,'mm')
END
```

参考文献

[1] 中国重型机械工业协会，《重型机械标准》编写委员会．重型机械标准［S］．云南：云南科技出版社，2007.

[2] 王建梅，岳一领，陶德峰，等．一种计算双锥锁紧盘过盈量的方法［P］．申请号：201310199182.5.

[3] 唐亮，王建梅，等．过盈连接研究现状与应用［J］．太原科技大学学报，2013（增）．

[4] Mather J，Baines B H. Distribution of stress in axially symmetrical shrink－fit assemblies［J］. Wear，Volume21，Issue2，1972：339～360.

[5] Gamer U，Lance R H. Residual stress in shrink fits［J］. International Journal of Mechanical Sciences，1983，25（7）：465～470.

[6] Gutkin R，Alfredsson B. Growth of fretting fatigue cracks in a shrink－fitted joint subjected to rotating bending［J］. Engineering Failure Analysis，2008，15（5）：582～596.

[7] 闫登华，宋义勇．风力发电机主轴胀套联接的强度分析与优化设计［J］．起重运输机械，2013（2）：104～106.

[8] 何章涛，杜静，等．MW 级风力发电机组主轴胀套连接的结构强度分析［J］．机械设计，2011，28（5）：69～74.

[9] 陶德峰，王建梅，黄讯杰，等．风电锁紧盘轴套位移与应力计算［J］．太原科技大学学报，2010，33（1）：40～44.

[10] 唐亮，王建梅，陶德峰，等．装配间隙对风电锁紧盘性能影响分析［J］．太原科技大学学报，2013，34（2）：125～129.

[11] 殷丹华．收缩盘联接的应力分析方法研究［D］．南京：南京航空航天大学，2011.

[12] 王建梅，康建峰，陶德峰，等．多层过盈联接的设计方法［J］．四川大学学报（工程科学版），2013，45（4）：84～89.

[13] 王春艳，封仕燕．风电锁紧盘［P］．CN102926944A.

[14] 黄涛，肖平，阳波．带自动退卸功能的旋转动力传动锁紧盘［P］．CN102297208A.

[15] 杨本新，余绍清，汤文兵，等．锁紧盘辅助装置、锁紧系统及锁紧方法［P］．CN101566197.

[16] 尹为刚，王立峰．用于风力发电机组的锁紧盘及锁紧盘锥套［P］．CN201425006.

[17] 陈爱和，李振，赵俊民．双外环锁紧盘［P］．CN201420811.

[18] 闫龙翔，宋国智．等强度风电锁紧盘［P］．CN201679657U.

[19] 俞宏东，冯强，张玉琥．液压锁紧盘［P］．CN201651087U.

[20] 纪强，张猛，邢志涛，等．液压锁紧盘［P］．CN202531671U.

[21] 汪东方．用于重型机械减速器的空心轴锁紧机构［P］．CN202431922U.

[22] 李明，李静．一种锁紧盘联轴器［P］．CN202301500U.

[23] 王建梅，侯成，陶德峰，等．一种确定锁紧盘内环与外环接触面尺寸的方法［P］．CN102230502A.

[24] 王建梅，康建峰，侯成，等．一种确定风电锁紧盘过盈量的方法［P］．CN102155496A.

[25] Wang Jianmei，Kang Jianfeng，Tang Liang. Design Calculations and Experimental Studies for Wind Turbine's Shrink Disk［J］. Journal of Mechanical Engineering Science（Paper accept-

ed）.

［26］王建梅，陶德峰，康建峰，等．一种校核风电锁紧盘强度的方法［P］．CN102298656A.

［27］Zhang Y，McClain B，Fang X D. Design of interference fits via finite element method［J］. International Journal of Mechanical Sciences，2000：1835～1850.

［28］Booker J D，Truman C E，Wittig S，Mohammed Z. A comparison of shrink－fit holding torque using probabilistic［J］. Proceedings of the Institution of Mechanical Engineers，Part B：Journal of Engineering Manufacture，2004，218（2）：175～187.

［29］许定奇，孙荣文．过盈连接的设计、计算与装拆［M］．北京：中国计量出版社，1992.

［30］廖爱华，张洪武，吴昌华．压气机叶轮－轴套－轴摩擦接触的有限元分析［J］．中国机械工程，2006，17（10）：1010～1014.

［31］刘宝庆．过盈连接摩擦系数的理论及试验研究［D］．大连：大连理工大学，2008.

［32］Biron G，Vadean A，Tudose L. Optimal design of interference fit assemblies subjected to fatigue load［J］. Structural and Multidisciplinary Optimization，2013，47（3）：441～451.

［33］Luo Zhonghua，Zhang Zhiliang. Optimum design of fatigue strength of a cold extrusion compound container［J］. Manufacturing Science and Engineering，2005（127）：227～230.

［34］Zhen Liang，Jiang Nan，Liu Sijia. Experimental study of integrated multilayer clamping［J］. High Pressure Vessel Journal of Pressure Vessel Technology，2011（133）：061206－1～061206－5.

［35］Kim T J，Kim H Y，Hwang B C，et al. Improved method for analyzing automotive transmission parts（shaft/gear）manufactured using the warm shrink fitting process［J］. International Journal of Automotive Technology，2009（10）：611～618.

［36］Madia M，Beretta S，Zerbst U. An investigation on the influence of rotary bending and press fitting on stress intensity factors and fatigue crack growth in railway axles［J］. Eng Fract Mech，2008，75（8）：1906～1920.

［37］Zhou Houming，Wang Chengyong，Zhao Zhenyu. Dynamic characteristics of conjunction of lengthened shrink－fit holder and cutting tool in high－speed milling［J］. Mater Process Tech，2008，207（1～3）：154～162.

［38］Mucha J. Finite element modeling and simulating of thermomechanic stress in thermocompression bondings［J］. Mater Design，2009，30（4）：1174～1182.

［39］Lee H C，Saroosh M A，Song J H，Im Y T. The effect of shrink fitting ratios on tool life in bolt forming processes［J］. Mater Process Tech，2009，209（8）：66～75.

［40］Biron G，Vadean A，Tudose L. Optimal design of interference fit assemblies subjected to fatigue Load［J］. Structral and Multidisciplinary Optimization，2013，47（3）：441～451.

［41］魏延刚．轴毂过盈连接的应力分析和接触边缘效应［J］．机械设计，2004（1）：36～39.

［42］武瑛．非等长度组合厚壁圆筒装配压力［J］．太原理工大学学报，2000（2）：215～217.

［43］Adnan Özel，SemettinTemiz，Murat DemirAydin，Sadri Sen. Stress analysis of shrink－fitted joints for various fit forms via finite element method［J］. Materials and Design，2005，26：

281 ~ 289.

［44］ Güven U. Stress distribution in shrink fit with elastic – plastic hub exhibiting variable thickness ［J］. International Journal of Mechanical Sciences，1993，35（1）：39 ~ 46.

［45］ 滕瑞静，张余斌，周晓军，等. 圆柱面过盈连接的力学特性及设计方法［J］. 机械工程学报，2012（13）：160 ~ 166.

［46］ 黄庆学，王建梅，静大海，等. 油膜轴承锥套过盈装配过程中的压力分布及损伤［J］. 机械工程学报，2006（10）：102 ~ 108.

［47］ Huang Qingxue，Wang Jianmei，Zhao Chunjiang，et al. Simulation on Mechanical Behaviors of Oil – film Bearing Sleeve by Elastic Interference Fit ［C］//The Proceeding of the 1st International Symposium on Digital Manufacture，2006：173 ~ 177.

［48］ 岳普煜，王建梅，黄庆学，等. 弹性结合油膜轴承锥套的装配力学行为研究［J］. 中北大学学报（自然科学版），2008，29（5）：405 ~ 408.

［49］ 岳普煜，王建梅，马立峰，等. 热连轧机油膜轴承弹性过盈装配过程研究［J］. 太原科技大学学报，2006，27（4）：301 ~ 305.

［50］ 殷丹华. 收缩盘连接的应力分析方法研究［D］. 南京：南京航空航天大学，2011.

［51］ 李伟建，潘存云. 锥面过盈连接静力分析的一种工程方法［J］. 机械强度，2011，33（1）：86 ~ 92.

［52］ 张洪武，廖爱华，吴昌华. 压气机过盈配合的弹塑性有摩擦接触的研究［J］. 工程力学，2007（1）：186 ~ 192.

［53］ 刘宝庆，董惠敏. 基于曲面模型的过盈连接的研究［J］. 中国机械工程，2009，20（8）：941 ~ 945.

［54］ 符杰. 过盈配合的摩擦系数研究［D］. 大连：大连理工大学，2007.

［55］ Croccolo D，De Agostinis M，Vincenzi N. Static and dynamic strength evaluation of interference fit and adhesively bonded cylindrical joints ［J］. International Journal of Adhesion and Adhesives，2010，30（5）：359 ~ 366.

［56］ Truman C E，Booker J D. Analysis of a shrink – fit failure on a gear hub/shaft assembly ［J］. Engineering Failure Analysis，2007，14（4）：557 ~ 572.

［57］ Boutoutaou H，Bouaziz M，Fontaine J F. Modeling of interference fits taking form defects of the surfaces in contact into account ［J］. Materials & Design，2011，32（7）：3692 ~ 3701.

［58］ Mack W，Plöchl M. Transient heating of a rotating elastic – plastic shrink fit ［J］. International Journal of Engineering Science，2000，38（8）：921 ~ 938.

［59］ Sen S，Aksakal B. Stress analysis of interference fitted shaft – hub system under transient heat transfer conditions ［J］. Materials & Design，2004，25（5）：407 ~ 417.

［60］ 张松，艾兴. 高速主轴过盈连接特性研究［J］. 制造技术与机床，2003（10）：87 ~ 90.

［61］ Lewis S J，Hossain S，Booker J，et al. Measurement of torsionally induced shear stresses in shrink – fit assemblies ［J］. Experimental Mechanics，2009，49（5）：637.

［62］ 胡鹏浩. 非均匀温度场中机械零部件热变形的理论及应用研究［D］. 合肥：合肥工业大学，2001.

[63] 杨广雪. 高速列车车轴旋转弯曲作用下微动疲劳损伤研究 [D]. 北京：北京交通大学，2011.

[64] Sackfield A, Barber J R, Hills D A, et al. A shrink – fit shaft subject to torsion [J]. European Journal of Mechanics – A/Solids, 2002, 21 (1): 73 ~ 84.

[65] Sackfield A, Truman C E, Hills D A. A stepped shrink – fitted shaft subject to torsion [J]. Proceedings of the Institution of Mechanical Engineers, 2002, 216: 997 ~ 1004.

[66] Booker J D, Truman C E, Wittig S, et al. A comparison of shrink – fit holding torque using probabilistic, micromechanical and experimental approaches [J]. Proceedings of the Institution of Mechanical Engineers, 2004, 218: 175 ~ 186.

[67] Truman C E, Sackfield A, Hills D A. Torsional loading of a finite shrink – fit shaft [J]. Proceedings of the Institution of Mechanical Engineers, 2002, 216: 1109 ~ 1115.

[68] Juuma T. Torsional fretting fatigue strength of a shrink – fitted shaft with a grooved hub [J]. Tribology International, 2000, 33 (8): 537 ~ 543.

[69] Huang Qingxue, Wang Jianmei, Yang Shichun, et al. Research and experiment on sleeve damage mechanism of oil film bearing in large – scale mill [C] //Proceedings of the International Conference on Advanced Design and Manufacture, 8th – 10th January 2006, Harbin, China.

[70] Wang Jianmei, Huang Qingxue, etc., Research on Fatigue Damage Mechanism of Oil – film Bearing in Rolling Mill, 全国博士生学术论坛论文, 2005.

[71] 韩正铜. 圆锥面无键连接的受力分析与计算 [J]. 机械科学与技术，1995 (3)：13 ~ 14.

[72] 张谦. 多层过盈配合连接的矩阵算法 [J]. 辽宁大学学报（自然科学版），1998，25 (1)：66 ~ 70.

[73] 何章涛，杜静，何玉林，等. MW 级风力发电机组主轴胀套连接的结构强度分析 [J]. 机械设计，2011，28 (5)：69 ~ 74.

[74] Ozturk F, Woo T. Simulations of interference and interfacial pressure for three disk shrink fit assembly [J]. Gazi University Journal of Science, 2010, 23 (2): 233 ~ 236.

[75] 罗中华，张质良. 多层压配组合冷挤压凹模的优化设计 [J]. 塑性工程学报，2003 (4)：38 ~ 41.

[76] Jahed H, Farshi B, Karimi M. Optimum autofrettage and shrink – fit combination in multi – layer cylinders [J]. Journal of Pressure Vessel Technology, 2006, 128 (2): 196 ~ 200.

[77] 蒋斗寅. 厚壁圆筒强度计算问题的探讨 [J]. 机械设计，1990 (1)：49 ~ 52.

[78] 刘鸿文. 材料力学 [M]. 北京：高等教育出版社，2004.

[79] 吴家龙. 弹性力学 [M]. 北京：高等教育出版社，2001.

[80] 机械设计手册编委会. 机械设计手册 [M]. 北京：机械工业出版社，2004.

[81] 王建梅，陶德峰，黄庆学，等. 多层圆筒过盈配合的接触压力与过盈量算法研究 [J]. 工程力学，2013 (30)：270 ~ 275.

[82] 王建梅，陶德峰，唐亮，等.《风电锁紧盘组件过盈配合量的计算与优化设计软件》V2.0 [Z]. 软件著作权登记号：2012SR026568.

[83] 陶德峰. 多层圆筒过盈连接设计方法及试验研究 [D]. 太原：太原科技大学，2013.

[84] Wang Jianmei, Tao Defeng, Tang Liang. Algorithm research on contact pressure and Interference magnitude for Interference fit of multi - Layer cylinder [J]. Journal of Manufacturing Science Engineering (Paper under review).

[85] 王建梅，赵春江，姚建斌，等. 油膜可视化性能计算系统的设计及实现 [J]. 太原科技大学学报，2006 (9): 17～19.

[86] 王建梅，康建峰，陶德峰，等. 风电锁紧盘参数化 [P]. 申请号：201110277056.8.

[87] 王建梅，陶德峰，唐亮，康建峰.《风电锁紧盘组件过盈配合量的计算与优化设计软件》V1.0 [Z]. 软件著作权登记号：2011SR048821.

[88] 黄保，李更明. Visual Basic 程序设计与数据库应用 [M]. 厦门：厦门大学出版社，2004.

[89] 桂良进，王军，董波. Fortran Powerstation 使用与编程 [M]. 北京：航空航天大学出版社，1999.

[90] 唐亮，王建梅，康建峰，等. 油膜轴承性能计算可视化界面的开发 [J]. 轴承，2013，(2): 61～64.

[91] 王建梅，孙建召，朱琳，等. 用于油膜轴承润滑油膜的参数化计算分析系统及操作方法 [P]. 申请号：201110184963.8.

[92] 石亦平，周玉蓉. ABAQUS 有限元分析实例详解 [M]. 北京：机械工业出版社，2006.

[93] 庄茁，张帆，岑松，等. ABAQUS 非线性有限元分析与实例 [M]. 北京：科学出版社，2005.

[94] 胡兆稳，刘焜，王伟，等. 粗糙表面接触模型的研究现状和展望 [J]. 低温与超导，2011，39 (12): 71～74.

[95] 王建梅，陶德峰，唐亮，等. 加工偏差对风电锁紧盘性能的影响分析 [J]. 机械设计，2014 (1): 59～62.

[96] 刘宝庆，董惠敏. 基于曲面模型的过盈连接的研究 [J]. 中国机械工程，2009，20 (8): 941～945.

[97] Truman C E, Booker J D. Analysis of a Shrink - fit failure on a gear hub/shaft assembly [J]. Engineering Failure Analysis. 2007, 14 (4): 557～572.

[98] Lanoue F, Vadean A, Sanschagrin B. Finite element analysis and contact modelling considerations of interference fits for fretting fatigue strength calculations [J]. Simulation Modelling Practice and Theory, 2009, 17 (10): 1587～1602.

[99] Wang Jianmei, Tang Liang, Xu Junliang. Research on key influencing factors On load - carrying performance of multi - layer interference cylinder [J]. Engineering Failure Analysis (paper Submitted).

[100] 杨世铭，陶文栓. 传热学 [M]. 北京：高等教育出版社，2008.

[101] 王建梅，黄庆学，侯建亮，等. 热连轧机工作辊轴承座的热应力研究 [J]. 轴承，2002 (1): 1～4.

[102] 李维特，黄宝海，毕仲波. 热应力理论分析及应用 [M]. 北京：中国电力出版社，2004.

[103] 罗哉，费业泰. 基于受热和受力状态的孔型零件变形研究 [J]. 哈尔滨工业大学学报，2006 (9): 1586～1589.

[104] 王建梅，唐亮，张亚南，等．一种考虑温度影响计算过盈量的方法［P］．申请号：201310219677.

[105] 张峻辉，黄红武，熊万里．高速电主轴轴承配合过盈量的计算方法研究［J］．机械与电子，2004（7）：7～10.

[106] 王建梅，陶德峰，唐亮，康建峰．《风电锁紧盘组件过盈配合量的计算与优化设计软件》V3.0［Z］．软件著作权登记号：2012SR067158.

[107] 唐亮．风电锁紧盘的算法优化与分析研究［D］．太原：太原科技大学，2014.